布丁奶酪果冻一次就成功

杨桃美食编辑部 主编

江苏凤凰科学技术出版社

图书在版编目（CIP）数据

布丁奶酪果冻一次就成功 / 杨桃美食编辑部主编
. -- 南京 : 江苏凤凰科学技术出版社 , 2015.10（2019.6 重印）
（食在好吃系列）
ISBN 978-7-5537-4930-3

Ⅰ . ①布… Ⅱ . ①杨… Ⅲ . ①甜食 – 制作 Ⅳ .
① TS972.134

中国版本图书馆 CIP 数据核字 (2015) 第 148719 号

布丁奶酪果冻一次就成功

主　　编	杨桃美食编辑部
责任编辑	张远文　葛　昀
责任监制	曹叶平　方　晨
出版发行	江苏凤凰科学技术出版社
出版社地址	南京市湖南路 1 号 A 楼，邮编：210009
出版社网址	http://www.pspress.cn
印　　刷	天津旭丰源印刷有限公司
开　　本	718mm × 1000mm　1/16
印　　张	10
插　　页	4
版　　次	2015年10月第1版
印　　次	2019年6月第2次印刷
标准书号	ISBN 978-7-5537-4930-3
定　　价	29.80元

图书如有印装质量问题，可随时向我社出版科调换。

目录
CONTENTS

INTRODUCTION
导读

PART 1
香浓蒸烤布丁

PART 2
冰凉凝结布丁

PART 3
滑嫩可口的奶酪

PART 4
缤纷清凉果冻

导读 Introduction

布丁、奶酪、果冻，自己制作简单又安心

布丁、奶酪、果冻是简单易学又不麻烦的甜点，就算是烘焙初学者也能轻松上手，没有繁杂的制作程序，更没有复杂的材料，想吃随时都能做。

更重要的是，自己做布丁、奶酪及果冻，不必添加多余的食品添加剂，用最天然的材料，最简单的方式，你就能轻松享用。

制作布丁必备器具

想要亲手制作香滑柔顺的美味布丁，并不需要太多或太昂贵的器具就可以轻松完成。简单的工具操作，超省时又省力的制作方法，一定会让你得到最大的制作乐趣和成就感，现在，我们一起来准备吧！

打蛋器

使用打蛋器，轻松地就能将所有制作布丁的材料一起搅拌均匀。一般的打蛋器可区分为电动打蛋器和直形打蛋器。由于布丁是一种较为简单的甜点，所以只需要用直形打蛋器，即可轻松搅拌好所有的材料。

量杯和量匙

量杯和量匙都是用来测量材料的容器，只是依照测量材料的不同，可选择不同的测量容器。如：牛奶、鲜奶油等液状材料，有时因用量多，所以最好是使用量杯来装取；而量匙则适宜用来测量少量的粉类或液态材料。

刮刀

这是将制作完成的布丁液倒入模型中的很好用的器具。利用刮刀，很容易就能将略为黏稠又带点流质的布丁液装入模型中，但是如果家中没有这样的器具，也可以汤勺替代使用。

筛网

有些材料必须过筛后，才能呈现出布丁特有的细致滑嫩感，如：制作蒸烤布丁的布丁液，就一定要过筛，否则蒸烤出来的布丁虽然可以食用，但在口感上却会有明显的差异。多了一个过筛的动作，可是会让吃在嘴里的布丁，更让人难忘！

磅秤

所有的材料都有一定的比重，精确地测量出材料所需的量，是做好布丁的首要工作，特别是胶冻原料的测量，往往一点疏忽就很容易导致布丁制作的失败。其实只要准确地测量出每种材料所需的分量，美味的布丁就已经成功一半了。

布丁模型

布丁模型是让布丁成型的最佳容器。布丁模型五花八门，选用的容器，最好是能耐高温的，因为布丁液往往是经由加热后才倒入容器中，因此最好能考虑到容器是否能耐热，再决定是否作为布丁的模型。

制作布丁基础材料

布丁的制作简单易学，它所需要准备的材料也很容易获得，只需利用鸡蛋、鲜奶等家常食材，你就可以拥有营养满分、口感加倍的小甜点了。

1 马兹卡邦奶酪

除了鲜奶与鲜奶油外，意大利人独爱奶酪，奶酪的种类有数千种之多，每一种的质地与风味都不同，以大类来说，意大利人常利用各种软质奶酪，让点心具有浓郁与柔滑的特色，使用的分量也非常多，成为意式点心最大的特色，如提拉米苏中所使用的马兹卡邦奶酪。

2 鲜奶油

分为动物性鲜奶油和植物性鲜奶油两种，动物性鲜奶油口融性佳，适合用来制作冰激凌、慕斯、布丁等成品；植物性鲜奶油因可塑性较高且有甜味，因此常被用来作为装饰挤花的材料或涂抹在蛋糕体上以增加口感。

3 鸡蛋

具有发泡性、凝固性和乳化性等特性，在炎热的夏季里最好是将鸡蛋放入冰箱中冷藏保存，使用的时候再拿出来回温。而在选购新鲜的鸡蛋时，建议你把鸡蛋对着光线看，如果鸡蛋的透光度很好，而且蛋的外壳摸起来较粗糙，这个鸡蛋就比较新鲜！

4 柠檬

西点制作中使用频率最高的水果，除了将果汁加入材料中提味外，制作果冻时也可以将外皮磨碎加入，可赋予甜点浓郁的水果芳香，是极佳的天然香料。

5 细砂糖

细砂糖是西点制作时不可缺少的材料，除可增加甜味外，打蛋时加入也有帮助起泡的作用，是制作布丁的基础材料之一。

胶冻原料大剖析

1 明胶粉

是由猪、牛的皮或骨头，经过加热、加酸、抽胶、去脂、干燥、粉碎而成，含有非常丰富的胶原蛋白，口感软绵、有弹性，保水性好。

用法：明胶粉在使用前要先以 5 倍的水浸泡至吸水膨胀，溶解温度为 70℃以上，凝固点在 10℃以下，因此制成的产品要放入冰箱冷藏才会凝结定型。

2 琼脂

用法：琼脂需事先以热水调匀使用，比例约为 1：100（琼脂：水）。

其他用途：如果是含琼脂成分的深海洋菜，可加入饮料内饮用，因食材本身含有丰富的膳食纤维。

3 果冻粉

果冻粉是已经将制作果冻应有的材料，如调味粉、白砂糖、胶冻粉等，以最佳的比例调和浓缩成干燥的速溶粉末。

用法：只要取果冻粉和一定比例的冷水混合煮沸拌匀后，直接倒入模型中待凉凝固，就可以快速又轻松地品尝到果冻了。

4 洋菜条

由藻类提炼而成的凝固剂，使用前必须先浸泡冷水，其可溶于 80℃以上的热水，成品口感具有脆硬特性。

用法：洋菜条必须先浸泡于水中约 30 分钟，再弄碎加水煮 10 ~ 15 分钟，才会完全溶解。

其他用途：可将洋菜条泡软后，变成装饰菜肴的材料或做成凉拌菜。

5 明胶片

是从动物的结缔组织中提炼萃取而成的凝结剂。

用法：明胶片使用前必须一片片放入冰水中泡软，才不会黏在一起。

其他用途：明胶片加水溶化后，直接刷在菜上，可让菜的外观看起来更有光泽度。

布丁、奶酪、果冻Q&A

布丁问答集

Q 制作完成的布丁，为什么像月球表面一样凹凸不平？

A 因为做好的布丁液在放进烤箱蒸烤或是冷冻凝结前，没有把表面的浮沫用汤匙捞除或是用火枪加热一下，只要做了这个操作，完成的布丁表面就不会像月球表面那样凹凸不平了。

Q 怎么判别焦糖液是否煮制完成？

A 焦糖液往往一不小心就煮出焦味而坏了整杯布丁的芳香，其实可以准备一小杯冷水，将正在烹煮的焦糖液滴入小水杯中，再仔细观察它的变化，就可以掌握焦糖液是否煮成功了。

1. 将焦糖液滴落水杯中，若呈现水水的状态，代表焦糖液尚未变浓稠状，还无法使用。

2. 将焦糖液滴落水杯中，呈现凝结块状，代表焦糖液煮过头，也无法使用。

3. 将焦糖液滴落水杯中，会慢慢晕开来，代表焦糖液制作成功可使用。

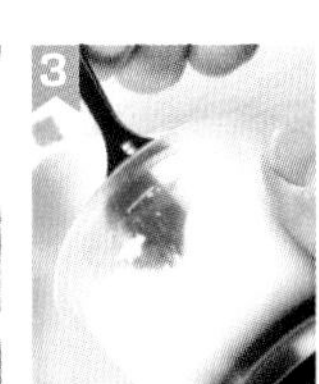

Q 蒸烤布丁和胶冻布丁有何不同？

A 蒸烤布丁：利用鸡蛋本身的凝结力，经过隔水蒸烤的方式来制作完成布丁。因为经过蒸烤，所以鸡蛋特有的香气会完全呈现，只是在制作布丁液时，一定要过筛及静置处理，才能做出光滑细致口感的布丁。

胶冻布丁：胶冻布丁是使用明胶片或果冻粉制作出来的，完成的布丁液只要倒入模型容器中，再放入冰箱冷藏至自然凝结即可。

Q 布丁要如何才可以成功又完整地倒扣出模型？

A 牢记下列三步骤，就能轻松将布丁倒扣出来。

Step1：先使用小汤匙沿着杯缘轻压一圈。

Step2：用小汤匙沿着杯缘，对布丁略施力气往下挤压以便离模。

Step3：将布丁杯略倾斜后，再用小汤匙往下压挤让空气进入后，即可倒扣在盘子上。

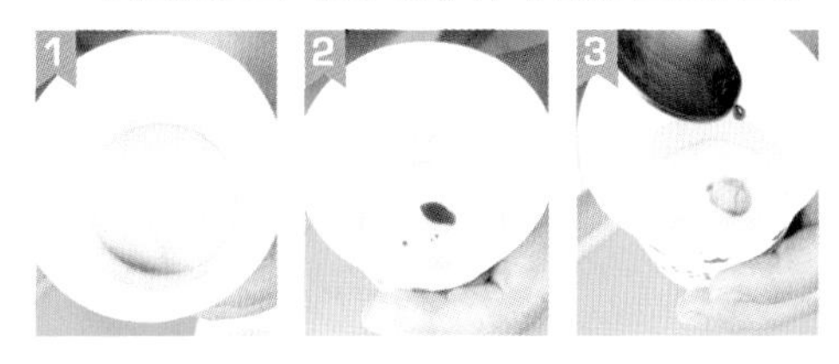

奶酪问答集

Q 为什么我使用果冻粉做出来的鲜奶酪都会有果冻颗粒呢？

A 果冻粉是呈白色粉末状的凝结剂，但是容易遇水结块不易溶解，所以在使用前必须先和白砂糖干拌以避免结块，然后再加入水或其他液体一同加热，这样果冻粉才能溶化均匀，做好的奶酪或布丁就不会感觉有果冻颗粒了。

Q 奶酪为何会分层，上层颜色较黄，下层较白？

A 奶酪和布丁的最大不同就是布丁主要是以鸡蛋为主，奶酪则是使用鲜牛奶。制作奶酪时，鲜牛奶加热绝对不可以超过 80℃，更不能煮沸，因为一旦超过温度就会造成鲜牛奶产生油水分离，这样冷凝后的奶酪就会分层了。（奶酪的软硬度会比布丁和果冻还软，当汤匙舀过后，也不会留下明显的痕迹。）

Q 请问如何抑制或推迟化水程度？

A 制作奶酪所使用的胶冻原料都各有其特性，调水的比例、适合的温度也各不相同，有些不能放置室温太久，有些则放置较长时间都没问题；而口感的软硬度也可自己斟酌调整，想吃嫩一点的就多加些水，想吃硬一点的就少放些水，但还是不能偏离基础比例太多，否则就容易失败。

Q 为什么我做的奶酪表面不光滑，卖相也不好？

A 制作奶酪时有个关键步骤，先将全部的牛奶和动物性鲜奶油混合后，取出部分的量加热后，和剩余未加热的部分混合后，再倒入模型中，如此制作出来的奶酪不仅表面较光滑，成功率也较高。因为奶酪冷却是由外到内，所以当模型容器中的奶酪温度太高时，放入冰箱，待凝结后奶酪表面就会产生皱褶。（或是也可以先隔冰水降温至 15 ~ 20℃后再装入模型容器中，并放入冰箱冷藏。）

Q 香草荚要如何取籽呢？

A 香草荚可以增加甜品不一样的香味，只要两个简易步骤就能取籽！

Step1：将香草荚从中间处直剖开。

Step2：用刀子将香草荚的籽刮出来即可。

果冻问答集

Q 果冻粉的保存方法是什么？

A 没开封的果冻粉通常可保存 6 个月至 1 年，不要放在日照的阳光下，应尽量保存在阴凉通风处。开封后要尽快食用完毕，以免受潮变质，最好使用密封夹或密封袋封紧开口，如此可避免果冻粉变质。

Q 用果冻粉制作果冻及布丁的优点是什么？

A 制作方法简易而常温下也不会溶解，而冷冻不会丧失原来的特性。用果冻粉制作出来的果冻或是布丁能很好脱模，因为果冻粉凝固之后会与水分离。因此只要在模型和盘子间来回摇动即可脱模。

Q 果冻粉的主要成分及特性是什么？

A 果冻粉组成大部分是卡拉胶、海藻类所提炼出的黏质多糖类。溶解温度在 70℃以上，凝固温度在 60℃以下。

Q 果冻粉除了做果冻还能做什么？

A 果冻粉有协助食物凝结的功能，所以只要液化产品要转化成凝结性，就可以加入果冻粉，例如：果酱、水果长时间熬煮养分会流失掉，因此可以加入适量的糖和果冻粉混合加入熬煮，这样可使果酱减少熬煮时间，可以保留果酱养分。

Q 为何有些市售果冻粉制作出来的果冻口感会很硬或是太软？

A 因为不同的制造商会依自己喜爱的口感而研发出不同口感的果冻粉配方，建议可先参考使用说明上面的配方制作一次，再依各人喜爱的口味来增减果冻粉的分量。

Q 为什么制作双层果冻时会分离？

A 因为果冻粉会离水（凝固之后与水分离），因此在第一层未凝固前，大约 60℃之前就必须再加入下一层材料，再放入冷藏。

PART 1

香浓蒸烤布丁

不用任何胶冻材料或粉，
只要用鸡蛋加热后凝固的原理，
轻松就可以做布丁，
蒸烤过的布丁口感滑嫩绵密，蛋香浓郁，
自己动手做健康又美味。

红茶鸡蛋焦糖布丁

材料

A

细砂糖	100克
水	20毫升
热水	5毫升

B

鸡蛋	3个
蛋黄	2颗
鲜奶	500毫升
细砂糖	40克
红茶包	2包

烹饪小秘方

煮焦糖时，细砂糖放入锅中一加热，就不要去搅动了，否则会变成结晶，反而不容易煮成焦糖。而烤布丁时，隔水烘焙会让布丁表面保持湿润，不易因太干而裂开。

做法

1. 鸡蛋一端敲开一小孔，再以剪刀将开孔小心修剪整齐，倒出蛋黄与蛋清；蛋壳清洗干净后沥干，备用。
2. 材料A中的细砂糖放入锅中，加入水，加热煮至细砂糖溶化。
3. 继续加热直到糖水呈现琥珀色后熄火，再加入热水拌匀即为焦糖液。
4. 将焦糖液趁热倒入蛋壳之中（1~2分满）。
5. 将250毫升的鲜奶、材料B中的细砂糖放入锅中煮沸后熄火，放入红茶包，浸泡5分钟后取出。
6. 搅拌盆中放入鸡蛋、蛋黄打散，再加入剩下的250毫升牛奶搅拌均匀，然后将做好的温奶茶缓缓倒入，搅拌均匀即为布丁液。
7. 将布丁液以滤网过筛，再倒入盛焦糖液的蛋壳中约9分满。
8. 在烤盘中注入温水，将蛋壳先放入小茶杯中固定，再放入烤盘中隔水烘焙，以上下火150℃烤20~25分钟。
9. 将烤好的布丁放凉，放入冰箱冷藏即可。

备注：蛋壳的切口要切割整齐，需用专门的蛋壳切割器（eggtopper），若以剪刀修剪，形状可能会不整齐。

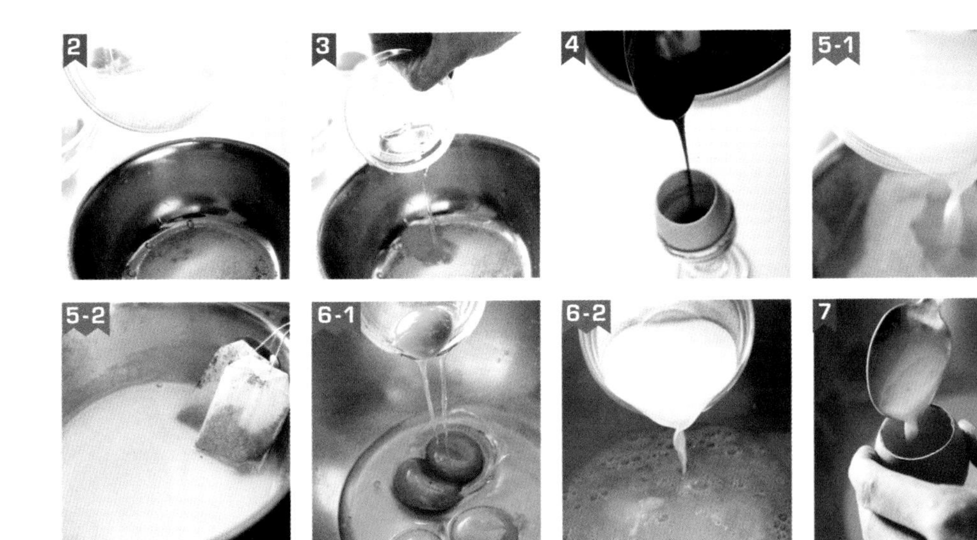

焦糖牛奶布丁

材料

鸡蛋　2个
牛奶　250毫升
细砂糖　30克
焦糖液　适量

做法

1. 将适量的焦糖液装入耐蒸烤的模型杯中备用。
2. 将鸡蛋打散拌匀备用。
3. 牛奶和细砂糖煮至完全溶化，冲入蛋液混合拌匀，过筛后静置约30分钟。
4. 续倒入装有焦糖的耐蒸烤蒸模型杯中，再放入蒸笼内，以中小火蒸 25~35分钟即可。

烹饪小秘方

焦糖液

材料：水30毫升、细砂糖100克

做法：将水与和细砂糖直接加热至150~160℃，呈琥珀色即可。

枫糖布丁

材料

Ⓐ

动物性鲜奶油	400克
枫糖浆	160克

Ⓑ

鸡蛋	3个
蛋黄	2颗

Ⓒ

枫糖浆	适量
动物性鲜奶油	少许
薄荷叶	少许

做法

❶ 将材料B中的鸡蛋打散，和蛋黄拌匀备用。

❷ 所有材料A拌匀，倒入拌匀的做法1中，搅拌后以细筛网过滤出枫糖布丁液，倒入模型中以瓦斯喷枪快速烤除表面气泡（也可用小汤匙将气泡戳破）。

❸ 烤箱预热，取出烤盘倒入适量的水，放入完成的布丁模型，以上下火160℃蒸烤约30分钟至枫糖布丁熟透，取出冷却后放入冰箱冷藏。

❹ 食用前可在布丁上淋上适量枫糖浆，并用动物性鲜奶油勾出图案，摆上薄荷叶装饰即可。

焦糖烤布丁

材料

蛋黄	3颗
动物性鲜奶油	200克
牛奶	100毫升
细砂糖	40克

做法

❶ 将蛋黄打散拌匀备用。

❷ 将动物性鲜奶油、牛奶和细砂糖煮至完全溶化后，冲入蛋黄液混合拌匀，过筛后静置约30分钟。

❸ 续倒入耐烤模型中，放入烤箱内，以上下火150℃的隔水加热方式蒸烤35~40分钟。

❹ 取出蒸烤好的布丁，撒上少许糖粉（材料外），再用喷枪烧烤，使糖焦化即可。

如果想让布丁吃起来香气更浓郁些，可将材料中的细砂糖改成红糖。布丁上撒的糖粉越厚，烧烤出来的成品会越漂亮，但口感却相对较差。

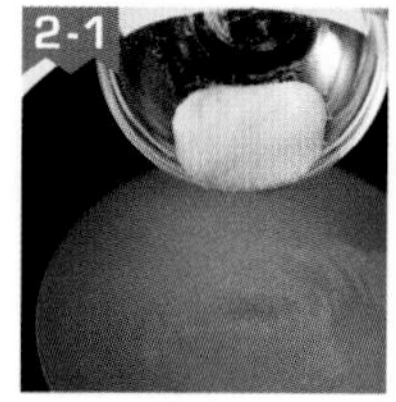

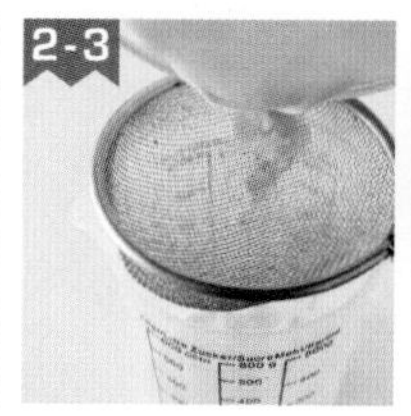

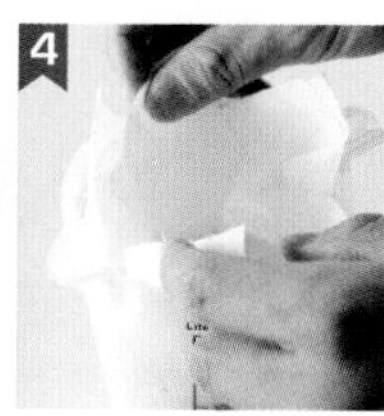

焦糖苹果布丁

材料

Ⓐ

细砂糖	60克
水	20毫升
苹果丁	150克
奶油	5克
泡酒葡萄干	20克

Ⓑ

鸡蛋	3个
蛋黄	2颗
鲜奶	400毫升
苹果汁	100毫升
细砂糖	30克

做法

1. 将材料A中的细砂糖、水放入锅中以小火加热，煮至细砂糖溶化，继续加热直到糖水呈琥珀色。
2. 糖水中加入苹果丁及奶油拌炒到水分收干后熄火，放入泡酒葡萄干拌匀，放凉后备用。
3. 将材料B中鲜奶与细砂糖加热至糖溶化。
4. 鸡蛋、蛋黄加入苹果汁搅拌均匀，将鲜奶糖水倒入其中，搅拌均匀后过筛，再倒入布丁杯中约9分满。
5. 在烤盘中注入温水，将布丁杯放入烤盘中隔水烘焙，以上下火150℃烤20~25分钟。
6. 将做法2中备好的水果奶油丁摆在布丁表面，放入冰箱冷藏即可。

法式烧烤布丁

材料

Ⓐ

鸡蛋	1个
蛋黄	4颗
细砂糖	50克
动物性鲜奶油	250克
鲜奶	170毫升
白兰地酒	15毫升
香草精	少许

Ⓑ

细砂糖	50克

做法

1. 将材料A中的鲜奶和细砂糖一起加热至糖溶化后，离火备用。
2. 再将材料A中的鸡蛋与蛋黄一起稍微拌散后，再加入动物性鲜奶油、香草精与白兰地酒一起拌均匀。
3. 倒入做法1的鲜奶糖水一起拌匀后，放置一旁静置约30分钟，并将表面的气泡捞除。
4. 静置后，倒入布丁模型中，再放入烤盘里，以隔水烘焙的方式，移入已预热好的烤箱里，以上下火160℃烘烤约40分钟即取出放凉。
5. 再撒上材料B的细砂糖后，以喷火枪将表面的细砂糖加热烘烤成金黄色即可。

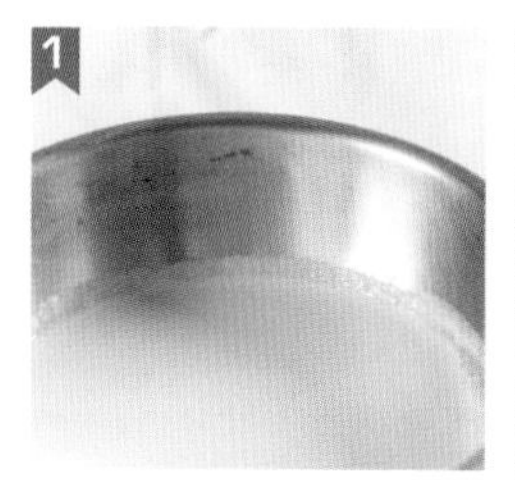

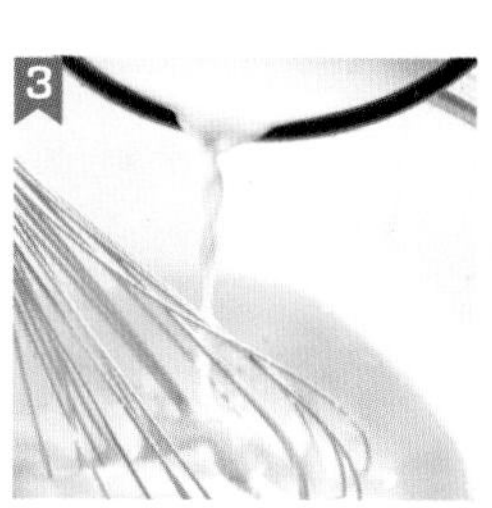

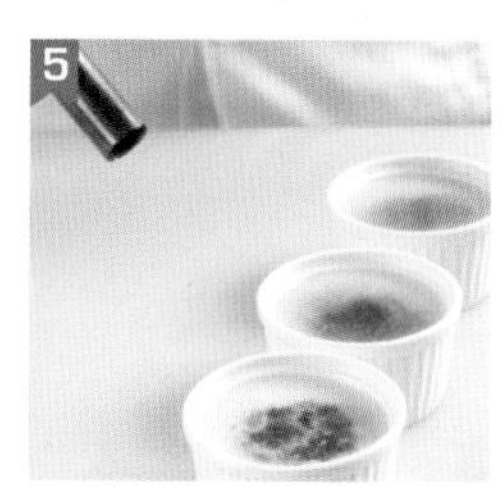

焦糖南瓜布丁

材料

Ⓐ

细砂糖	100克
温水	20毫升
热水	5毫升

Ⓑ

鸡蛋	2个
蛋黄	1颗
南瓜泥	120克
鲜奶	200毫升
细砂糖	30克
动物性鲜奶油	10克

做法

1. 材料A中的细砂糖、温水放入锅中，以小火加热煮至细砂糖溶化，继续加热直到糖水呈现琥珀色后熄火，再加热水拌匀即为焦糖液。
2. 将焦糖液趁热倒入容器中备用。
3. 鸡蛋、蛋黄、动物性鲜奶油拌匀，加入南瓜泥拌匀备用。
4. 鲜奶、细砂糖放入锅中以小火煮到细砂糖溶化，加入南瓜泥拌匀后过筛，倒入焦糖液容器中。
5. 将容器放入烤箱，以上下火150℃烤40~50分钟，食用前以薄荷叶（材料外）装饰即可。

烹饪小秘方

做南瓜泥很简单，只要将南瓜去籽后放入电饭锅中蒸至软，取出以汤匙将果肉挖出，再捣成泥状，最后记得要以筛网过筛，因为南瓜有粗丝，筛过的南瓜泥口感会更细致可口。

豆腐布丁

材料

老豆腐 100克
鸡蛋 2个
鸡蛋（取蛋清） 1/2 个
细砂糖 40克
无糖豆奶 300毫升

烹饪小秘方

因为盒装的嫩豆腐含水量比老豆腐要多，不适合用来做布丁，使用老豆腐较适合，且口感更绵密。

做法

1. 将老豆腐放入筛网中压成豆腐泥备用。
2. 将鸡蛋、蛋清及豆腐泥混合，加入150毫升豆奶拌匀备用。
3. 将剩余的无糖豆奶、细砂糖放入锅中以小火煮到细砂糖溶化，再加入豆腐泥拌匀，以筛网过筛后，倒入布丁杯中。
4. 将布丁杯放入烤箱，以上下火150℃烤30~35分钟，待冷却后入冰箱冷藏。食用时，插入糖片（材料外）挤上鲜奶油（材料外），撒入些许黑芝麻（材料外）即可。

日式布丁

材料

Ⓐ

细砂糖	100克
温水	20毫升
热水	5毫升

Ⓑ

鸡蛋	3个
蛋黄	2颗
鲜奶	500毫升
细砂糖	40克

Ⓒ

全脂牛奶	适量

做法

1. 材料A中的细砂糖、温水放入锅中，以小火加热煮至细砂糖溶化，继续加热直到糖水呈现琥珀色后熄火，再加热水拌匀即为焦糖液。
2. 将焦糖液趁热倒入布丁杯中(1~2分满)。
3. 将250毫升的鲜奶、材料B中的细砂糖混合煮到糖溶化备用。
4. 将鸡蛋、蛋黄加入剩下的250毫升牛奶搅拌均匀，再将煮好的牛奶糖水倒入其中，搅拌均匀后过筛，再倒入盛有焦糖液的布丁杯中至约7分满。
5. 在烤盘中注入温水，将布丁杯放入烤盘中隔水烘焙，以上下火150℃烤20~25分钟，放凉后放入冰箱冷藏，食用前取出加入全脂牛奶即可。

香草米布丁

材料

米饭60克、鲜奶500毫升、蛋黄2颗、香草荚1/2根、细砂糖50克、泡酒葡萄干2粒

做法

1. 将鲜奶、蛋黄、细砂糖、香草荚放入锅中煮匀，再加入米饭煮至浓稠状。
2. 放入泡酒葡萄干拌匀，倒入容器之中。
3. 烤盘中注入温水，将容器放入烤盘中隔水烘焙，以上下火150℃烤15~20分钟即可。

烹饪小秘方

米布丁如果冰过口感会变得较硬，所以要趁温热吃，才能品尝到滑嫩的口感。

栗子烤布丁

材料

鸡蛋2个、蛋黄1颗、法式栗子泥120克、鲜奶200毫升、细砂糖30克、动物性鲜奶油110克、糖渍栗子适量

做法

1. 鸡蛋、蛋黄混合拌匀，加入动物性鲜奶油、法式栗子泥拌匀备用。
2. 鲜奶中加入细砂糖，放入锅中以小火煮到糖溶化，加入做法1的材料搅拌均匀，过筛后倒入容器中。
3. 在烤盘中注入温水，将布丁杯放入烤盘中隔水烘焙，以上下火160℃蒸烤30~40分钟。
4. 在布丁表面挤上动物性鲜奶油（材料外）放上糖渍栗子，放入冰箱冷藏即可。

德式布丁塔

材料

Ⓐ

黄油	85克
糖粉	85克
盐	2克
鸡蛋	6个
低筋面粉	175克
高筋面粉	25克
奶油奶酪	40克

Ⓑ

鲜奶	160毫升
细砂糖	30克
香草荚	1/2根
动物性鲜奶油	200克
朗姆酒	8毫升
蛋黄	80克

做法

1. 将黄油放在室温软化。
2. 取容器放入黄油，再加入糖粉、盐、鸡蛋、低筋面粉、高筋面粉拌匀成团。
3. 将面团以保鲜膜包起，然后放入冰箱冷藏放置4个小时。
4. 取出面团擀平，铺入塔模中备用。
5. 将奶油奶酪、鲜奶、细砂糖、香草荚放入锅中，以小火煮至细砂糖溶化，加入动物性鲜奶油、朗姆酒、蛋黄拌匀。
6. 将做好的混合材料倒入塔皮中，以上火200℃下火180℃烤约25分钟即可。

面包布丁

材料

鸡蛋	2个
动物性鲜奶油	190克
牛奶	190毫升
细砂糖	50克
土司	4片
葡萄干	适量
蔓越莓干	适量
樱桃	适量
糖粉	适量

做法

1. 将鸡蛋打散搅匀备用。
2. 将动物性鲜奶油、牛奶和细砂糖煮至完全溶化后，冲入鸡蛋液混合拌匀，过筛后静置约30分钟。
3. 将土司切成小块状，铺在容器底部，再倒入布丁液，放入葡萄干、蔓越莓干和樱桃，撒上少许细砂糖（材料外），放入烤箱内，以上下火150℃的隔水加热方式蒸烤25~35分钟。
4. 取出蒸烤好的面包布丁，再撒上糖粉装饰即可。

烹饪小秘方

面包布丁建议趁热吃，如果吃冷的面包布丁，蒸烤的时间就不能太久，浅烤盘烤20~25分钟，如果容器较深，蒸烤35~45分钟，否则布丁会变得太紧实，口感不佳。

花生酱烤布丁

材料

无糖豆奶	340毫升
细砂糖	135克
鲜奶油	340克
蛋黄	2颗
鸡蛋	3个
无糖花生酱	100克
熟花生仁	适量

做法

1. 无糖豆奶加入细砂糖，以小火煮到温度超过60℃。
2. 鲜奶油、蛋黄、鸡蛋、无糖花生酱拌匀后加入煮好的豆奶中，再过筛后倒入布丁杯中。
3. 在烤盘中注入温水，将布丁杯放入烤盘中隔水烘焙，以上下火150℃烤20~25分钟。
4. 待布丁冷却后，放入冰箱冷藏约4个小时，取出后在布丁上放熟花生仁做装饰即可。

烹饪小秘方

要让烘焙出来的布丁表面光滑细致没有气孔，可以在倒入布丁杯后，以餐巾纸将表面的气泡吸除，或以喷火枪在蛋液表面稍微加热，让气泡消散。

乌龙茶烤布丁

材料

A

细砂糖	100克
温水	20毫升
热水	5毫升

B

鸡蛋	3个
蛋黄	2颗
鲜奶	500毫升
细砂糖	40克
乌龙茶叶	15克

做法

1. 将材料A中的细砂糖、温水放入锅中，以小火加热煮至细砂糖溶化，继续加热直到糖水呈现琥珀色后熄火，再加热水拌匀即为焦糖液。
2. 将焦糖液趁热倒入布丁杯中备用。
3. 将250毫升的牛奶加入材料B中的细砂糖煮沸，再加入乌龙茶叶，浸泡5分钟后将茶叶取出。
4. 将鸡蛋、蛋黄加入剩下250毫升鲜奶搅拌均匀，倒入奶茶搅拌均匀后过筛，再倒入盛有焦糖液的布丁杯中至约9分满。
5. 在烤盘中注入温水，将布丁杯放入烤盘中隔水烘焙，以上下火150℃烤20~25分钟，待布丁放凉后放入冰箱冷藏即可。

巧克力烤布丁

材料

细砂糖	135克
鲜奶油	340克
鲜奶	340毫升
蛋黄	2颗
鸡蛋	3个
香草荚	1/2根
可可粉	30克
巧克力屑	适量
糖粉	适量
糖渍黑醋栗	适量

做法

1. 鲜奶油加入细砂糖、香草荚，以小火煮到温度超过60℃，加入过筛的可可粉拌匀。
2. 鲜奶加入蛋黄、鸡蛋拌匀后，加入做法1的材料中拌匀后过筛，再倒入布丁杯中。
3. 在烤盘中注入温水，将布丁杯放入烤盘中隔水烘焙，以上下火150℃烘焙35~40分钟，烤至布丁表面凝固。
4. 待布丁冷却后，将布丁放入冰箱冷藏约4个小时，取出后在布丁上放入巧克力屑、糖粉及糖渍黑醋栗做装饰即可。

玉米布丁

材料

Ⓐ 动物性鲜奶油250克、细砂糖75克
Ⓑ 全蛋3个、蛋黄2颗
Ⓒ 玉米粒200克

做法

1. 材料B中鸡蛋和蛋黄拌匀备用。
2. 所有材料A以中小火煮至细砂糖溶化后熄火，冲入拌匀的鸡蛋液中搅拌均匀，再加入玉米粒拌匀，倒入布丁模型中，以瓦斯喷枪快速烤除表面气泡（也可用小汤匙将气泡戳破）。
3. 烤箱预热，取深烤盘倒入适量的水，放入完成的布丁模型，以上火170℃下火160℃蒸烤约30分钟至玉米布丁熟透，取出冷却后放入冰箱冷藏即可。

约克夏布丁

材料

Ⓐ 鸡蛋1个、低筋面粉60克、鲜奶80毫升、水65毫升
Ⓑ 珍珠糖30克

做法

1. 所有材料A混合均匀后，加入珍珠糖，形成面糊，静置半小时备用。
2. 将面糊倒入抹了油（材料外）的烤模中，将烤模放入已预热的烤箱中，以上下火230℃烤约20分钟，再转190℃烤15~20分钟。
3. 取出脱模，待冷却后搭配各式水果（材料外）或冰激凌（材料外）一起食用即可。

法式覆盆子烤布丁

材料

细砂糖	135克
鲜奶油	340克
鲜奶	340毫升
蛋黄	45克
鸡蛋	3个
香草荚	1/2根
冷冻覆盆子	50克

做法

1. 鲜奶油加入细砂糖、香草荚，以小火煮至糖溶化。
2. 鲜奶加入蛋黄、鸡蛋拌匀后，加入做法1的材料中拌匀，过筛后倒入已放好冷冻覆盆子的布丁杯模型中。
3. 在烤盘中注入温水，将布丁杯放入烤盘中隔水烘焙，以上下火150℃烘焙35~40分钟。
4. 待布丁冷却后，将布丁放入冰箱冷藏约4个小时，取出后在布丁上撒一层薄薄的细砂糖（材料外），以喷火枪烧烤细砂糖至呈现金黄色，待其冷却，食用时以草莓、薄荷、糖粉（均材料外）装饰即可。

黑樱桃布丁

材料

A

黄油	150克
低筋面粉	250克
糖粉	60克
盐	1克
鸡蛋	1个
杏仁粉	70克

B

细砂糖	70克
杏仁粉	10克
鲜奶	114毫升
朗姆酒	14毫升
鸡蛋	4个
鲜奶油	128克
香草精	2.5克
黑樱桃罐头	1瓶
杏桃果胶	适量

做法

1. 将材料A中的黄油、盐、糖粉混合拌匀，再加入鸡蛋拌匀。
2. 加入过筛的低筋面粉及杏仁粉拌匀成面团，将面团放入保鲜膜中包好，放入冰箱中冷藏30分钟。
3. 将面团平铺入盘中。
4. 将材料B中的鲜奶、细砂糖放入锅中煮到糖溶化。
5. 将材料B中的鲜奶油、鸡蛋、杏仁粉、朗姆酒、香草精拌匀后过筛，再倒入面皮上。
6. 将黑樱桃滤干，放入面皮上，放入已预热的烤箱中，以上火190℃下火210℃，烤30分钟。
7. 布丁放凉后，表面刷上杏桃果胶，放入冰箱冷藏4个小时即可。

布丁蛋糕

材料

Ⓐ

细砂糖	50克
水	215毫升

Ⓑ

细砂糖	25克
果冻粉	8克

Ⓒ

鲜奶	350毫升
细砂糖	90克
香草荚	1/2根
鸡蛋	5个

Ⓓ

鲜奶	40毫升
黄油	45克
低筋面粉	45克
鸡蛋（分别取蛋黄和蛋清）	4个
塔塔粉	1克
朗姆酒	5克
细砂糖	适量

做法

1. 材料B中果冻粉和细砂糖混合拌匀备用。
2. 材料A的细砂糖加15毫升水放入锅中，以小火加热让细砂糖溶化，直到糖水呈现琥珀色后熄火。
3. 续加入200毫升的水，再加入混合的糖水中，搅拌到糖溶化，倒入容器中冷却备用。
4. 材料C中的鲜奶、细砂糖及香草荚放入锅中，以小火煮到糖溶化。
5. 将材料C中的鸡蛋打散后倒入做法4的材料中拌匀，过筛之后倒入在做法1已经凝固的焦糖果冻上。
6. 材料D的鲜奶、黄油放入锅中以小火煮到黄油溶化，加入过筛的低筋面粉拌匀，再加入蛋黄拌匀。

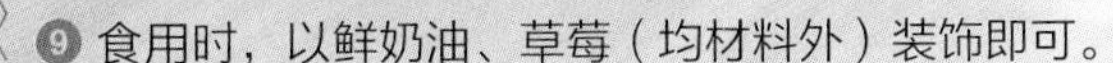

7. 材料D中的蛋清加入塔塔粉及细砂糖打至湿性发泡，加入朗姆酒与蛋黄、鲜奶和黄油混合的面糊中混合拌匀，倒入做法5的鸡蛋布丁液上。
8. 将布丁放入已预热的烤箱中，以上下火200℃烤10分钟，再转170℃烤30分钟。
9. 食用时，以鲜奶油、草莓（均材料外）装饰即可。

香草鲜奶布丁

材料

Ⓐ

蛋黄	5颗
细砂糖	75克

Ⓑ

全脂鲜奶	165毫升

Ⓒ

动物性鲜奶油	330克

Ⓓ

安格拉斯酱	适量
香草荚	适量

做法

❶ 材料A中的蛋黄和细砂糖拌匀备用。

❷ 材料B以中小火煮至滚沸后熄火，冲入拌匀的蛋黄，搅拌均匀，再加入材料C拌匀，以细筛网过滤出鲜奶布丁液，倒入布丁模型中，以瓦斯喷枪快速烤除表面气泡（也可用小汤匙将气泡戳破）。

❸ 烤箱预热，取深烤盘倒入适量的水，放入完成的布丁模型，以上火170℃下火160℃蒸烤约30分钟，至鲜奶布丁熟透取出冷却，放入冰箱冷藏。

❹ 食用前淋上适量安格拉斯酱，再摆上香草荚装饰即可。

烹饪小秘方

安格拉斯酱

材料：

A. 全脂鲜奶250毫升、动物性鲜奶油250克 B. 蛋黄4颗、细砂糖100克 C. 香草荚1/4根

做法： 1. 将材料B中的蛋黄和细砂糖拌匀，打发至呈乳白色备用。

2. 将香草荚剖开，刮出香草籽，和香草棒与所有材料A一起混合，以中小火煮至滚沸后熄火，冲入打发好的蛋黄中拌匀，再次煮至温度约85℃、酱汁呈浓稠状即可。

大理石奶酪布丁

材料

奶酪	250克
细砂糖	75克
玉米粉	10克
鸡蛋	1个
动物性鲜奶油	175克
巧克力酱	适量

做法

1. 将奶酪从冰箱取出，放在室温软化备用。
2. 将细砂糖与玉米粉先拌匀，再加入软化的奶酪拌匀。
3. 鸡蛋分次加入拌匀，最后加入动物性鲜奶油搅拌均匀。
4. 布丁液倒入烤模中，表面再用巧克力酱做装饰，即可放入烤箱，以上火160℃下火180℃烤约12分钟即可。

咖啡布丁

材料

Ⓐ

鸡蛋	2个
细砂糖	75克

Ⓑ

全脂鲜奶	200毫升

Ⓒ

速溶咖啡粉	35克
动物性鲜奶油	150克
咖啡酒	少许

Ⓓ

核桃仁	适量
糖粉	少许

做法

1. 材料A中鸡蛋和细砂糖拌匀备用。
2. 材料B以中小火煮至滚沸后熄火，冲入鸡蛋液搅拌均匀，再加入所有材料C拌匀，以细筛网过滤出咖啡布丁液，倒入布丁模型中，以瓦斯喷枪快速烤除表面气泡（也可用小汤匙将气泡戳破）。
3. 烤箱预热，取深烤盘倒入适量的水，放入完成的布丁模型，以上下火150℃蒸烤约30分钟至咖啡布丁熟透，取出冷却后放入冰箱冷藏，食用前摆上核桃仁，撒上少许糖粉装饰即可。

蜂蜜炖奶布丁

材料

全脂鲜奶450毫升、细砂糖45克、鸡蛋4个（取蛋清）、蜂蜜10克

做法

1. 全脂鲜奶和细砂糖以中小火煮至细砂糖溶化后熄火，加入蛋清搅拌均匀，再加入蜂蜜搅拌均匀，以细筛网过滤出布丁液，倒入烤模中，以瓦斯喷枪快速烤除表面气泡（也可用小汤匙将气泡戳破）。
2. 烤箱预热，取深烤盘倒入适量的水，放入完成的烤模，以上下火160℃蒸烤约30分钟至蜂蜜炖奶布丁熟透，取出冷却后放入冰箱冷藏即可。

备注：因为玻璃的耐热度不一，使用玻璃烤模前要确认该玻璃容器是否耐烘烤！

卡布奇诺布丁

材料

意式浓缩咖啡200毫升、鸡蛋3个、细砂糖60克、鲜奶200毫升、植物性鲜奶油适量、肉桂粉适量

做法

1. 将鸡蛋打散，加入细砂糖与鲜奶用小火加热，煮至细砂糖完全溶化，过筛2次，再加入意式浓缩咖啡拌匀。
2. 将布丁液倒入模型中，烤盘加水隔水蒸烤，入烤箱以上火0℃下火170℃烤约 60分钟即可。
3. 食用时，若在布丁表面挤上少许植物性鲜奶油与肉桂粉，那就更地道了。

燕麦牛奶布丁

材料

燕麦片60克、鲜奶500毫升、鸡蛋4个、细砂糖100克、葡萄干适量

做法

❶ 先取1/2的鲜奶煮沸，冲入燕麦片中拌匀备用。

❷ 将剩余的1/2鲜奶加热至40℃时，再加入鸡蛋和细砂糖，用打蛋器同方向搅拌均匀，随即过筛2次，再加入泡好的牛奶燕麦片搅拌均匀。

❸ 将布丁液倒入杯中，盖上一层保鲜膜，放入电饭锅中蒸12分钟。

❹ 取出后放上葡萄干即可。

水果布丁

材料

玉米粉20克、蛋黄3颗、细砂糖30克、牛奶300毫升、什锦水果适量、柠檬汁2大匙

做法

❶ 什锦水果切成适当块状备用。

❷ 取一盆，放入蛋黄搅拌均匀后加入细砂糖拌匀，再加入过筛后的玉米粉拌匀，接着加入牛奶拌匀。

❸ 以隔水加热方式将做法2中的材料搅拌至凝稠状，加入柠檬汁拌匀，再拌入部分水果块，装入杯中后于表面摆上适量水果块及薄荷叶（材料外）装饰即可。

香草荚豆浆布丁

材料

Ⓐ

无糖豆浆	303毫升
香草荚	1/2根
鸡蛋	2个
细砂糖	83克
盐	1克

Ⓑ

细砂糖	100克
麦芽糖	25克
水	31毫升

做法

1. 将所有材料B放入锅中，以大火搅拌煮至滚开，改小火拌煮至呈琥珀色且浓稠状，熄火即为焦糖，趁热取适量加入所有布丁杯中备用。
2. 香草荚以刀划开，刮出里面的香草籽备用。
3. 无糖豆浆倒入锅中，放入香草棒及香草籽拌匀，小火煮出香草香味，熄火续加入细砂糖和盐搅拌至完全溶化。
4. 鸡蛋稍微打散，加入尚有余温的做法3中同方向搅拌至均匀，过筛2次后以纸巾吸除表面泡沫，静置30分钟备用。
5. 将布丁液倒入盛有焦糖的布丁杯中至约8分满，间隔放入烤盘中，并在烤盘中倒入水至约1厘米高，移入预热好的烤箱，以上下火150℃烘烤约35分钟，取出降温后加盖移入冰箱冷藏即可。

豆浆南瓜布丁

材料

原味豆浆 218毫升
鸡蛋 2个
蛋黄 1颗
细砂糖 70克
盐 1克
南瓜泥 82克
可可粉 少许

烹饪小秘方

南瓜泥若想要口感更有层次，可以在其中添加少量姜泥或肉桂粉增添风味。

做法

1. 原味豆浆倒入锅中以小火煮滚，熄火续加入细砂糖和盐同方向拌至完全溶化。
2. 鸡蛋、蛋黄稍微打散，加入尚有余温的豆浆中同方向搅拌至均匀，过筛 2次备用。
3. 南瓜泥过筛后分次加入豆浆鸡蛋液中，同方向搅拌均匀，小火加热至50~60℃，熄火静置30分钟备用。
4. 将布丁液倒入布丁杯中至约8分满，间隔放入烤盘中，并在烤盘中倒入水至约1厘米高，移入预热好的烤箱以上下火150℃烘烤约30分钟，取出降温后加盖移入冰箱冷藏。
5. 另取适量南瓜泥，以挤花袋装饰在布丁上，并撒上少许可可粉即可。

土豆火烤布丁

材料

土豆	1个
鸡蛋	2个
蛋黄	1颗
动物性鲜奶油	200克
牛奶	100毫升
细砂糖	5克
盐	7克
土豆泥	50克
意式综合香料	2克

做法

1. 土豆洗净切片后，放入滚水中煮软，在煮软前先取出适量的土豆片，铺放在容器中备用。
2. 将鸡蛋和蛋黄打散拌匀备用。
3. 将动物性鲜奶油、牛奶、细砂糖和盐加热煮至完全溶化，加入土豆泥拌匀后，冲入打散的鸡蛋液混合拌匀，过筛后静置约30分钟。
4. 将布丁液倒入铺放土豆片的容器中，撒上意式综合香料后，放入烤箱内，以上下火150℃隔水加热方式蒸烤35~40分钟。
5. 取出蒸烤好的布丁后，可用适量的土豆泥（材料外）在上面挤花装饰，再用喷枪烤出少许焦黑的色泽即可。

南瓜布丁

材料

Ⓐ

南瓜	220克
动物性鲜奶油	170克

Ⓑ

鸡蛋	2个
红糖	80克

Ⓒ

全脂鲜奶	170毫升

做法

1. 南瓜洗净，去皮切丁放入蒸笼中蒸熟，过筛成南瓜泥，加入动物性鲜奶油拌匀，备用。
2. 材料B中的鸡蛋液和红糖拌匀备用；材料C以中小火煮至滚沸，冲入红糖鸡蛋液中拌匀，再加入拌了动物性鲜奶油的南瓜泥搅拌均匀，以细筛网过筛出南瓜布丁液，倒入布丁模型中，以瓦斯喷枪快速烤除表面气泡（亦可以小汤匙将气泡戳破）。
3. 烤箱预热，取深烤盘倒入适量的水，放入完成的布丁模型，以上火160℃下火160℃蒸烤约30分钟至南瓜布丁熟透，取出冷却后放入冰箱冷藏即可。

番薯布丁

材料

Ⓐ

番薯	220克
动物性鲜奶油	150克

Ⓑ

鸡蛋	2个
红糖	80克

Ⓒ

全脂鲜奶	70毫升

Ⓓ

薄荷叶	少许

做法

❶ 番薯洗净，去皮切丁留少许装饰用，其余放入蒸笼中蒸熟，过筛成番薯泥，加入动物性鲜奶油拌匀，备用。

❷ 鸡蛋和红糖拌匀备用；全脂鲜奶以中小火煮至滚沸，加入红糖鸡蛋拌匀，再加入煮熟的番薯泥搅拌均匀，以细筛网过筛出番薯布丁液，倒入布丁模中，以瓦斯喷枪快速烤除表面气泡（亦可以小汤匙将气泡戳破）。

❸ 烤箱预热，取深烤盘倒入适量的水，放入完成的布丁模型，以上下火160℃蒸烤约30分钟至番薯布丁熟透，取出冷却后放入冰箱冷藏，食用前摆上熟番薯丁（材料外）和薄荷叶装饰即可。

1-1

1-2

菠萝布丁

材料

Ⓐ

蛋黄	4颗
牛奶	100毫升
香草精	少许

Ⓑ

动物性鲜奶油	375克
细砂糖	75克

Ⓒ

烤菠萝片	适量

做法

1. 材料A中的蛋黄、牛奶、香草精拌匀，备用。
2. 材料B中的动物性鲜奶油、细砂糖拌匀，煮至糖溶化后再加入备好的材料A中，即为布丁液。
3. 将布丁液过滤后，分装至布丁模内（约装8分满），再加入1片烤菠萝片，放入已预热的烤箱中，采隔水烘烤方式，以上下火160℃，烤约30分钟。
4. 烤至布丁表面凝固后即可取出，移入冰箱中冷藏至冰凉，食用前倒扣脱模，取出布丁，再放上1片烤菠萝片和薄荷叶（材料外）装饰即可。

烹饪小秘方

烤菠萝片

材料：细砂糖125克、水220毫升、菠萝片约6片（150克）

做法：1. 细砂糖加水煮至焦糖状，为焦糖浆。

2.将菠萝片裹上焦糖浆后，铺在烤盘上，放入已预热的烤箱中，以上下火180℃，烤约15分钟。

3. 取出菠萝片后再次裹上焦糖浆，再次放入烤箱中，以上下火180℃，烤约15分钟，取出冷却、静置约8小时待入味即可。

豆奶玉米布丁

材料

甜豆浆300毫升、鸡蛋2个、蛋黄2颗、细砂糖50克、玉米酱100克

做法

1. 将蛋黄和鸡蛋打散备用。
2. 甜豆浆加热至40℃，再加入鸡蛋液和细砂糖，用打蛋器同方向搅拌均匀，随即过筛2次，再加入玉米酱搅拌均匀。
3. 将布丁液倒入杯中，盖上一层保鲜膜，放入电饭锅中蒸12分钟即可。

粉圆布丁

材料

粉圆30克、动物性鲜奶油300克、鸡蛋3个、细砂糖60克、椰浆100毫升

做法

1. 粉圆加水煮开后，改小火煮约15分钟，膨胀鼓起即可捞起沥干，泡冷开水备用。
2. 鸡蛋先打散，加入椰浆、动物性鲜奶油与细砂糖拌匀，用小火加热至细砂糖溶化即可熄火，随即过筛2次，然后加入粉圆拌匀备用。
3. 将粉圆布丁液倒入烤模中，烤盘加水隔水蒸烤，入烤箱以上火0℃下火170℃烤约60分钟即完成。

水蜜桃布丁

材料

Ⓐ

鸡蛋	3个
蛋黄	4颗

Ⓑ

全脂鲜奶	225毫升
细砂糖	60克

Ⓒ

动物性鲜奶油	225克
水蜜桃汁	70毫升
橙酒	少许

Ⓓ

罐装水蜜桃片	适量
薄荷叶	适量

做法

❶ 材料A中的鸡蛋和蛋黄拌匀备用。

❷ 所有材料B以中小火煮至滚沸后熄火，冲入蛋黄鸡蛋液中搅拌均匀，再加入所有材料C拌匀，以细筛网过滤出水蜜桃布丁液，倒入布丁模型中，以瓦斯喷枪快速烤除表面气泡（也可用小汤匙将气泡戳破）。

❸ 烤箱预热，取深烤盘倒入适量的水，放入完成的布丁模型，以上火160℃下火150℃蒸烤约30分钟至水蜜桃布丁熟透，取出冷却后放入冰箱冷藏，食用前摆上罐装水蜜桃片，以瓦斯喷枪喷烤出焦边，再以薄荷叶装饰即可。

紫米烤布丁

材料

Ⓐ

紫米	100克

Ⓑ

全脂鲜牛奶	500毫升
香草荚	1/4根
细砂糖	60克

Ⓒ

蛋黄	2颗
奶油	15克

Ⓓ

安格拉斯酱	适量

做法

1. 蛋黄打散；奶油放室温至软化；烤模内涂上薄薄的奶油，备用。
2. 紫米洗净，煮熟后加入全脂鲜牛奶和细砂糖拌匀；香草荚剖开后刮出香草籽，与香草棒一起加入前面的紫米鲜牛奶锅中，以中小火煮至全脂鲜牛奶收干，呈浓稠状后熄火（取出香草棒）。
3. 趁热将做法2材料加入备好的蛋黄和奶油搅拌均匀，倒入烤模中抹平备用。
4. 烤箱预热，取深烤盘倒入适量的水，放入完成的紫米布丁烤模，以上下火160℃蒸烤约30分钟至紫米烤布丁熟透，取出冷却后放入冰箱冷藏，食用前倒扣出紫米烤布丁，淋上少许安格拉斯酱，以薄荷叶（材料外）装饰即可。

备注：如果想脱模食用，一定要事先在烤模内涂上薄薄的奶油！

奶酪烤布丁

材料

Ⓐ

奶酪	200克
奶油	100克
全脂鲜奶	100毫升

Ⓑ

鸡蛋	4个
细砂糖	50克

做法

❶ 材料B中的鸡蛋和细砂糖拌匀，打发至呈乳白色备用。

❷ 所有材料A拌匀，以中小火煮至软化后熄火，冲入打发好的鸡蛋液中搅拌均匀，倒入布丁模型中，以瓦斯喷枪快速烤除表面气泡（也可用小汤匙将气泡戳破）。

❸ 烤箱预热，取深烤盘倒入适量的水，放入完成的布丁模型，以上火180℃下火150℃蒸烤约30分钟至奶酪布丁熟透，取出冷却后放入冰箱冷藏即可。

备注：奶酪烤布丁的口感很特别，和奶酪蛋糕非常相像！

伯爵茶布丁

材料

牛奶（A）250毫升、伯爵茶粉10克、鸡蛋2个、牛奶（B）100毫升、细砂糖 50克、白兰地10毫升、植物性鲜奶油适量、柚子酱适量

做法

1. 牛奶（A）加热后，放入伯爵茶粉闷5分钟后，过筛备用。
2. 将鸡蛋打散拌匀备用。
3. 牛奶（B）和细砂糖加热至完全溶化后，冲入鸡蛋液混合拌匀，再加入做法1中的材料和白兰地混合拌匀，过筛后静置约30分钟。
4. 续倒入耐烤模型中，放入烤箱内，以上下火150℃隔水加热方式蒸烤35～40分钟。
5. 冷却后食用前可挤上植物性鲜奶油及柚子酱，以薄荷叶（材料外）装饰即可。

热带风情布丁

材料

Ⓐ 鸡蛋2个、牛奶200毫升、椰奶100毫升、细砂糖30克

Ⓑ 什锦水果适量

Ⓒ 果糖适量

做法

1. 材料A混合拌匀，过滤备用。
2. 材料B的什锦水果皆切丁。
3. 取蒸碗，于蒸碗中注入混合过滤的材料A。
4. 将蒸碗移入冒着蒸气的蒸笼，盖上锅盖，待再次冒出蒸气后将锅盖挪出缝隙，以中大火蒸10～15分钟至凝固，再熄火取出蒸碗。
5. 以水果丁装饰蒸好的布丁，并淋入果糖即可。

蒸豆浆布丁

材料

A

原味豆浆	300毫升
绵白糖	50克
蜂蜜	1大匙
鸡蛋	2个（取蛋清）
盐	少许

B

红糖	30克
水	100毫升
姜汁	1大匙

做法

1. 将所有材料B放入锅中，以小火慢慢煮至浓稠状，即为红糖浆备用。
2. 蛋清打散后加入绵白糖、蜂蜜、盐，拌打均匀备用。
3. 于打好的蛋清混合液中加入原味豆浆拌匀，用滤网过筛后倒入容器中，盖上保鲜膜。
4. 蒸锅加入水煮沸后，放入做法3中备好的豆浆，盖上锅盖以中火蒸约20分钟。
5. 取出蒸好的豆浆布丁，撕去保鲜膜，淋上适量的红糖浆即可。

姜汁布丁

材料

Ⓐ

全脂鲜奶	375毫升
细砂糖	100克

Ⓑ

蛋黄	4颗
鸡蛋	3个

Ⓒ

动物性鲜奶油	375克
姜汁	60毫升

做法

❶ 材料B中的蛋黄和鸡蛋拌匀备用。

❷ 所有材料A以中小火煮至细砂糖溶化后熄火，冲入混匀的鸡蛋液搅拌均匀，再加入所有材料C拌匀，以细筛网过滤出姜汁布丁液，倒入布丁模型中，以瓦斯喷枪快速烤除表面气泡（也可用小汤匙将气泡戳破）。

❸ 烤箱预热，取深烤盘倒入适量的水，放入完成的布丁模型，以上火170℃下火160℃蒸烤约30分钟至姜汁布丁熟透，取出冷却后放入冰箱冷藏，食用前以薄荷叶（材料外）装饰即可。

烹饪小秘方

姜汁可以用姜茶包泡出取用，或者以生姜磨泥取汁液使用，味道会更浓郁。

豆浆烤布丁

材料

原味豆浆 327毫升
豆腐 67克
香草荚 1/2根
细砂糖 38克
鸡蛋 2个
蛋黄 1颗
盐 适量

做法

1. 香草荚以刀划开，刮出里面的香草籽，备用。
2. 原味豆浆倒入锅中，放入香草棒及香草籽拌匀，小火煮出香草香味，熄火加入豆腐以打蛋器同方向搅打至无颗粒，续加入细砂糖和盐续拌至完全溶化。
3. 鸡蛋加蛋黄稍微打散，加入尚有余温的打匀的香草豆浆豆腐中同方向搅拌至均匀，过筛2次后静置30分钟备用。
4. 将布丁液倒入布丁杯中至约8分满，间隔放入烤盘中，并在烤盘中倒入水至约1厘米高，移入预热好的烤箱，以上下火150℃烘烤约25分钟，取出降温后加盖移入冰箱冷藏。
5. 将适量细砂糖（材料外）均匀撒在每一个布丁表面，以喷枪将细砂糖烧成焦糖色即可。

PART 2

冰凉凝结布丁

利用明胶或果冻粉做出来的布丁，
口感有韧性，
而且制作方便，
不需要烤箱或蒸笼，
放入冰箱就可以轻松完成！

鸡蛋牛奶布丁

材料

果冻粉	35克
细砂糖	53克
奶粉	53克
牛奶香精粉	26克
冷开水(1)	614毫升
动物性鲜奶油	178克
冷开水(2)	86毫升
蛋黄	55克
焦糖液	适量

做法

1. 将焦糖液煮至琥珀色后，趁热装入模型容器中。
2. 把果冻粉和细砂糖放入钢盆中拌匀。
3. 将奶粉、牛奶香精粉和冷开水(1)拌匀，再加入动物性鲜奶油、冷开水(2)拌匀，然后加入果冻粉和细砂糖中，并以同方向搅拌方式拌匀。
4. 开小火将做法3中的材料以同方向搅拌方式煮至约90℃后熄火，直到看不见颗粒为止。
5. 续加入蛋黄。
6. 以同方向的搅拌方式继续快速搅拌均匀，再过筛捞除泡泡后，装入盛有焦糖液的模型容器中，待凉后放入冰箱中冷藏即可。

覆盆子布丁

材料

Ⓐ

水	300毫升
细砂糖	50克

Ⓑ

覆盆子果泥	330克

Ⓒ

明胶片	15克

Ⓓ

奶水	15毫升
动物性鲜奶油	25克

Ⓔ

开心果碎	少许
覆盆子果泥	少许

做法

1. 明胶片泡入冰水中软化，捞出挤干水分备用。
2. 所有材料A以中小火煮至细砂糖溶化后熄火，加入明胶片搅拌至明胶片完全溶化，倒入覆盆子果泥拌匀。
3. 于锅中加入所有材料D拌匀，以细筛网过滤出覆盆子布丁液，倒入布丁模型中，以瓦斯喷枪快速烤除表面气泡（也可用小汤匙将气泡戳破）。
4. 将完成的布丁模型移入冰箱冷藏至覆盆子布丁液凝固，食用前以少许覆盆子果泥和开心果碎装饰即可。

西谷米草莓布丁

材料

明胶片	2.5片
草莓果泥	150克
蛋黄	1颗
鲜奶	80毫升
细砂糖	35克
动物性鲜奶油	50克
朗姆酒	10毫升
煮熟西谷米	适量
打发鲜奶油	适量

做法

1. 将明胶片泡入冰水至软化备用。
2. 将蛋黄、鲜奶、细砂糖放入锅中混合，以小火煮到浓稠状后熄火，再将明胶片拧干放入锅中拌匀至溶化。
3. 再加入草莓果泥、动物性鲜奶油、朗姆酒拌匀，倒入容器中至8分满，放入冰箱冷藏约4个小时。
4. 将成型凝固的草莓布丁上面放上煮熟西谷米及打发的鲜奶油，以撒了糖粉的草莓（材料外）装饰即可。

蓝莓奶酪布丁

材料

明胶片	2片
奶油奶酪	50克
蓝莓果粒	100克
蛋黄	1颗
鲜奶	200毫升
细砂糖	35克
动物性鲜奶油	50克
朗姆酒	10毫升
蓝莓果酱	适量

做法

1. 将明胶片泡冰水至软化备用。
2. 将蛋黄、鲜奶、细砂糖放入锅中混合，以小火煮到浓稠状，再将明胶片拧干放入锅中拌匀至溶化。
3. 再加入动物性鲜奶油、奶油奶酪、朗姆酒、蓝莓果粒拌匀后，倒入容器之中，放入冰箱冷藏约4个小时。
4. 将冰到凝固的蓝莓奶酪布丁上面盛入蓝莓果酱，挤入动物性鲜奶油（材料外），再放入冰激凌（材料外）装饰即可。

菠萝椰奶布丁

材料

明胶片	2.5片
菠萝果泥	100克
蛋黄	1颗
鲜奶	80毫升
细砂糖	35克
椰奶	100毫升
朗姆酒	10毫升
烤香椰子粉	适量
菠萝丁	适量
糖渍黑醋栗	适量

做法

1. 将明胶片泡冰水至软化备用。
2. 蛋黄、鲜奶、细砂糖放入锅中混合，以小火煮到浓稠状，再将明胶片拧干放入锅中拌匀至溶化。
3. 加入菠萝果泥、椰奶、朗姆酒拌匀，倒入容器中，放入冰箱冷藏约4个小时。
4. 将冰到凝固的菠萝椰奶布丁取出，在上面撒上烤香椰子粉、菠萝丁及糖渍黑醋栗即可。

双色冰激凌布丁

材料

牛奶	240毫升
明胶片	2片
蛋黄	30克
细砂糖	50克
动物性鲜奶油	240克
可可粉	20克

做法

1. 将明胶片泡冰水至软化备用。
2. 取一半牛奶煮到微沸后熄火，加入过筛可可粉拌匀，再将1片泡软的明胶片拧干放入锅中拌匀至溶化。
3. 另一半牛奶煮到微沸后熄火，再将另一片泡软的明胶片拧干放入锅中拌匀至溶化。
4. 蛋黄加入细砂糖搅拌均匀，再分别于做法2、3材料之中，各加入一半的蛋黄液及动物性鲜奶油拌匀。
5. 倒入容器中放入冰箱冷藏至凝固，以汤匙挖出两种布丁放入杯中，再以动物性鲜奶油、水果、坚果、糖粉、薄荷叶(均材料外)装饰即可。

双色火龙果布丁

材料

明胶片	2.5片
红色火龙果肉	200克
白色火龙果肉	100克
蛋黄	1颗
鲜奶	80毫升
细砂糖	35克
动物性鲜奶油	50克
朗姆酒	10克

做法

1. 将明胶片泡冰水至软化；红色火龙果肉取150克打成果泥；白色火龙果肉打成果泥；剩余的红色火龙果肉切丁，备用。
2. 蛋黄、鲜奶、细砂糖放入锅中混合，以小火煮到浓稠状，再将1片泡软的明胶片拧干放入锅中拌匀至溶化。
3. 加入红色的火龙果泥、动物性鲜奶油、朗姆酒拌匀，倒入容器之中至7分满，放入冰箱放冷藏约4个小时。
4. 在凝固的火龙果布丁上，放上红火龙果丁，再倒入白色的火龙果泥即可。

桂花红糖布丁

材料

明胶片	2片
红糖	25克
鲜奶	150毫升
蛋黄	1颗
动物性鲜奶油	100克
桂花红糖蜜	适量

做法

1. 将明胶片泡冰水至软化备用。
2. 蛋黄、鲜奶、红糖放入锅中以小火煮到浓稠状，再将明胶片拧干放入锅中拌匀至溶化。
3. 加入动物性鲜奶油拌匀，过滤后倒入容器之中，放入冰箱冷藏约4个小时。
4. 待布丁凝固后，再倒入桂花红糖蜜即可。

卡鲁哇布丁

材料

明胶片2片、细砂糖20克、鲜牛奶150毫升、咖啡粉5克、蛋黄1颗、动物性鲜奶油100克、卡鲁哇酒15毫升、打发鲜奶油适量、坚果碎适量

做法

1. 将明胶片泡冰水至软化备用。
2. 蛋黄、鲜牛奶、细砂糖放入锅中混合，以小火煮到浓稠状，放入咖啡粉拌匀，再将明胶拧干放入锅中拌匀至融解。
3. 加入动物性鲜奶油、卡鲁哇酒拌匀，过滤后倒入容器之中，放入放冷藏约4小时。
4. 待布丁凝固后，再挤上打发的鲜奶油，放上坚果碎装饰即可。

卡鲁哇咖啡布丁

材料

细砂糖61克、果冻粉16克、温水304毫升、咖啡粉10克、蛋黄2颗、动物性鲜奶油202克、卡鲁哇酒16毫升

做法

1. 取少量的温水和咖啡粉一起拌匀备用。
2. 将细砂糖、果冻粉和温水放入锅内一起煮滚后，加入咖啡溶液拌匀后熄火。
3. 续加入过筛后的蛋黄一起快速拌匀，再加入动物性鲜奶油拌匀。
4. 继续加入卡鲁哇酒拌匀后，再倒入模型中等待变凉，放入冰箱冷藏4小时。
5. 待布丁凝固后，再挤上打发的鲜奶油（材料外），撒入适量的咖啡粉（材料外）即可。

吉士布丁

材料

细砂糖（A）	50克
牛奶	600毫升
果冻粉	10克
细砂糖（B）	40克
蛋黄	3颗
吉士粉	10克
黑焦糖	适量

做法

1. 细砂糖B、蛋黄和吉士粉混合拌匀备用。
2. 细砂糖A、牛奶和果冻粉先拌匀加热煮滚后，冲入做法1的材料拌匀，过筛后倒入容器中，再将粗泡沫用纸巾擦拭。
3. 隔着滤网将做法2的材料过筛装入已盛装有黑焦糖的模型杯中，放入冰箱中冷藏约1个小时即可。

烹饪小秘方

将吉士布丁倒扣于盘中时，黑焦糖和布丁容易分离，这是正常的现象，因果冻粉会出水。所以要在黑焦糖尚未完全变硬凝结时，就加入吉士布丁液，这样比较不容易分离。

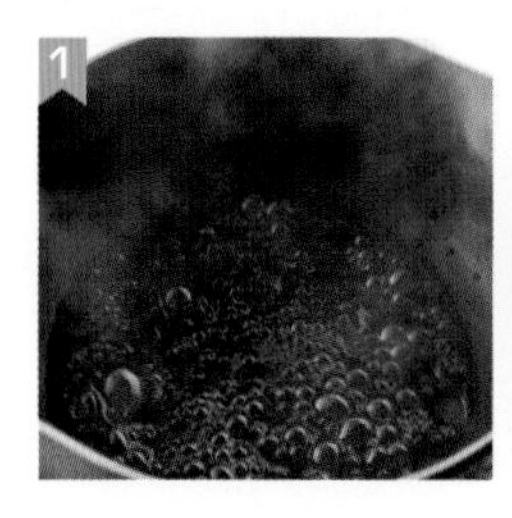

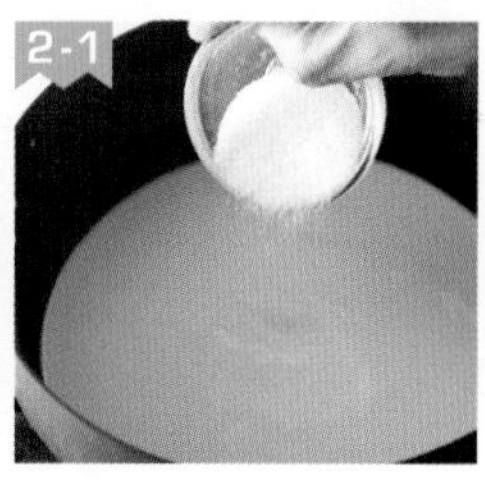

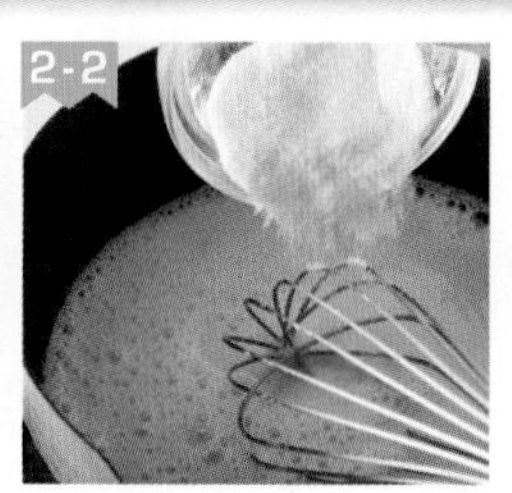

红糖布丁

材料

红糖	100克
水	200毫升
牛奶	200毫升
果冻粉	7克

做法

1. 红糖放入锅中加热至香味逸出且溶化后，再加入水拌匀备用。
2. 牛奶和果冻粉混合拌匀加热煮滚后，加入红糖水混合煮滚，将粗泡沫用纸巾擦拭后，先过筛再倒入模型中，放入冰箱冷藏约2个小时即可。

焦糖香蕉牛奶布丁

材料

牛奶	300毫升
焦糖酱	100克
果冻粉	5克
细砂糖	30克
香蕉	1根

做法

1. 香蕉去皮切丁，先泡点柠檬水（材料外）后，即可放入模型容器中备用。
2. 果冻粉和细砂糖先混合拌匀备用。
3. 牛奶和焦糖酱加热煮滚后，慢慢加入拌了细砂糖的果冻粉煮滚，将粗泡沫用纸巾擦拭，待降温后即可倒入模型中，放入冰箱冷藏约2个小时即可。

备注：可以将香蕉切片后，撒上细砂糖以喷火枪烤过后装饰。

烹饪小秘方

焦糖酱

材料：动物性鲜奶油150克，细砂糖100克，水20毫升

做法：1. 将动物性鲜奶油煮滚备用。

2. 细砂糖和水煮至呈琥珀色，约160℃后，慢慢加入煮好的鲜奶油拌匀即可。

英格兰咖啡布丁

材料

牛奶	400毫升
细砂糖	60克
蛋黄	200克
香草酱	5克
咖啡酱	20克
明胶片	4片
威士忌酒	45毫升
鲜奶油	30克

做法

1. 明胶片泡入冰水中软化，捞出挤干水分备用。
2. 细砂糖和蛋黄混合拌匀备用。
3. 牛奶加热煮沸后，冲入蛋黄、细砂糖混合液，再次加热至83℃时，加入明胶片拌匀至完全溶化后，加入香草酱、咖啡酱、威士忌酒和鲜奶油混合拌匀，过筛后倒入模型中，放入冰箱冷藏3~4个小时。
4. 食用前，以鲜奶油、薄荷叶、咖啡粉（均材料外）装饰即可。

烹饪小秘方

如果家中没有咖啡酱，也可以用意式浓缩咖啡液来代替使用。英式咖啡的传统口味，就是要有浓郁的酒香气味，所以材料中会加入适量的酒作搭配。

草莓布丁

材料

Ⓐ

水	300毫升
细砂糖	50克

Ⓑ

草莓果泥	330克

Ⓒ

明胶片	15克

Ⓓ

牛奶	15毫升
动物性鲜奶油	25克

Ⓔ

草莓	少许
核桃仁	少许

做法

1. 明胶片泡入冰水中软化，捞出挤干水分备用。
2. 所有材料A以中小火煮至细砂糖溶化后熄火，加入泡好的明胶片搅拌至明胶片完全溶化，再倒入草莓果泥拌匀备用。
3. 续加入所有材料D拌匀，以细筛网过滤出草莓布丁液，倒入布丁模型中，以瓦斯喷枪快速烤除表面气泡（也可用小汤匙将气泡戳破）。
4. 将完成的布丁模型移入冰箱冷藏至草莓布丁液凝固，食用前以草莓和核桃仁装饰即可。

百香果布丁

材料

Ⓐ

水	300毫升
细砂糖	50克

Ⓑ

百香果果泥	330克
百香果	1个

Ⓒ

明胶片	15克

Ⓓ

牛奶	15毫升
动物性鲜奶油	25克

Ⓔ

百香果果肉块	少许

做法

1. 明胶片泡入冰块水中软化，捞出挤干水分；百香果取果肉，备用。
2. 所有材料A以中小火煮至细砂糖溶化后熄火，加入泡软的明胶片搅拌至明胶片完全溶化，再倒入百香果果泥和果肉拌匀。
3. 于锅中加入所有材料D和百香果果肉拌匀，倒入布丁模型中，以瓦斯喷枪快速烤除表面气泡（也可用小汤匙将气泡戳破）。
4. 将完成的布丁模型移入冰箱冷藏至百香果布丁液凝固，食用前以百香果果肉块装饰即可。

菠萝胡萝卜布丁

材料

水	150毫升
细砂糖	50克
菠萝	250克
煮熟胡萝卜	50克
蜂蜜	30克
牛奶	30毫升
动物性鲜奶油	10克
明胶片	4片
猕猴桃丁	适量
红火龙果丁	适量
百香果	适量

做法

1. 明胶片泡入冰水中至软化，捞出挤干水分备用。
2. 将水、细砂糖、菠萝、煮熟的胡萝卜和蜂蜜放入果汁机中打成汁，过筛后加热煮滚，再加入泡软的明胶片拌至完全溶化，待温度降至13～15℃，再加入牛奶和动物性鲜奶油混合拌匀，即可倒入模型中，放入冰箱中冷藏2～3个小时。
3. 取出后再放上猕猴桃丁、红火龙果丁、百香果即可。

柳橙酸奶布丁

材料

Ⓐ

柳橙汁	200毫升

Ⓑ

明胶片	8克

Ⓒ

原味无糖酸奶	140毫升
细砂糖	60克
动物性鲜奶油	400克

Ⓓ

橙酒	少许

做法

1. 明胶片泡入冰水中软化，捞出挤干水分备用。
2. 取材料C中的动物性鲜奶油打发至呈乳白色，加入原味无糖酸奶拌匀备用。
3. 柳橙汁以中小火煮至约70℃后熄火，加入泡软的明胶片搅拌至明胶片完全溶化，冲入动物性鲜奶油、酸奶混合液中拌匀，再加入橙酒、细砂糖拌匀，以细筛网过滤出柳橙酸奶布丁液，倒入布丁模型中，以瓦斯喷枪快速烤除表面气泡（也可用小汤匙将气泡戳破）。
4. 将完成的布丁模型移入冰箱冷藏，至柳橙酸奶布丁液凝固即可。

港式芒果布丁

材料

明胶片	2.5片
芒果(中型)	1个
芒果果泥	125克
细砂糖	30克
牛奶	100毫升
蛋黄	3颗
动物性鲜奶油	125克

做法

1. 将明胶片泡入冰水中至软化；芒果切丁，备用。
2. 将蛋黄、牛奶、细砂糖放入锅中混合，以小火煮至浓稠状后熄火，再将泡软的明胶片拧干放入锅中拌匀至溶化。
3. 加入芒果果泥、动物性鲜奶油拌匀，隔冰水放置一会儿，让布丁液变得浓稠。
4. 再加入半份的芒果丁，填入模型中，放入冰箱冷藏约4个小时。
5. 脱模之后，在布丁四周摆上剩下的芒果丁，挤上动物性鲜奶油（材料外），用薄荷叶（材料外）装饰即可。

木瓜牛奶布丁

材料

明胶片	10片
木瓜	100克
鲜奶	300毫升
鸡蛋（取蛋清）	1个
细砂糖	80克
动物性鲜奶油	100克

做法

1. 明胶片用冰水泡软，沥干备用。
2. 木瓜削皮去籽，切成小块，与鲜奶打成木瓜牛奶汁备用。
3. 将蛋清与20克细砂糖用搅拌器打至湿性发泡备用。
4. 将60克细砂糖加入木瓜牛奶汁中，用小火加热，煮至细砂糖完全溶化，然后熄火加入泡软的明胶片，搅拌至溶化。
5. 加入动物性鲜奶油拌匀，然后隔着冰水降温，待布丁液变成浓稠状时，再迅速将打发的蛋清加入拌匀，即可装入模型中。
6. 将完成的布丁放入冰箱冷藏，食用前以薄荷叶（材料外）装饰即可。

玫瑰花布丁

材料

Ⓐ

全脂鲜奶 200毫升
细砂糖 60克

Ⓑ

明胶片 8克

Ⓒ

蛋黄 4颗
动物性鲜奶油 200克

Ⓓ

玫瑰花酱 75克

Ⓔ

食用玫瑰花瓣 少许

做法

1. 将明胶片泡入冰水至软化备用。
2. 所有材料C搅拌均匀备用。
3. 所有材料A以中小火煮至细砂糖溶化后熄火，加入泡好的明胶片搅拌至明胶片完全溶化，再冲入材料C拌匀，以细筛网过滤出布丁液备用。
4. 于布丁液中加入玫瑰花酱拌匀，倒入布丁模型中，以瓦斯喷枪快速烤除表面气泡（也可用小汤匙将气泡戳破）。
5. 将完成的玫瑰花香布丁液模型移入冰箱冷藏至凝固，食用前以食用玫瑰花瓣装饰即可。

椰香布丁

材料

Ⓐ

蛋黄	4颗
细砂糖	75克

Ⓑ

椰子酱	400克

Ⓒ

明胶片	15克

Ⓓ

动物性鲜奶油	185克

Ⓔ

椰子粉	适量
薄荷叶	少许

做法

1. 明胶片泡入冰水中软化，捞出挤干水分备用。
2. 所有材料A拌匀备用。
3. 椰子酱以中小火煮至约70℃后熄火，加入泡软的明胶片搅拌至明胶片完全溶化，再冲入椰子酱中拌匀，加入动物性鲜奶油拌匀，以细筛网过滤出椰香布丁液，倒入布丁模型中，以瓦斯喷枪快速烤除表面气泡（也可用小汤匙将气泡戳破）。
4. 将完成的布丁模型移入冰箱冷藏至椰香布丁液凝固。
5. 取适量椰子粉放入烤箱中，以上火100℃下火100℃烘烤至表面呈金黄色；取出凝固的椰香布丁，表面先撒上少许没烤过的椰子粉，再撒上烘烤过的椰子粉并摆上薄荷叶装饰即可。

米布丁

材料

明胶片	21克
动物性鲜奶油	235克
鲜奶	586毫升
香草荚	1根
细砂糖	117克
米饭	141克

做法

1. 将明胶片泡入冰水中，动物性鲜奶油使用打蛋器搅打至6分发备用。
2. 将鲜奶、香草荚、细砂糖、米饭一起放入锅内，加热煮至80℃左右后熄火，再加入泡软的明胶片拌匀。
3. 将锅放入冰箱冷藏室，直到呈现出凝稠状后，再加入动物性鲜奶油，一起拌匀，再倒入模型中放凉后，放入冰箱冷藏，食用时，以杏仁片（材料外）装饰即可。

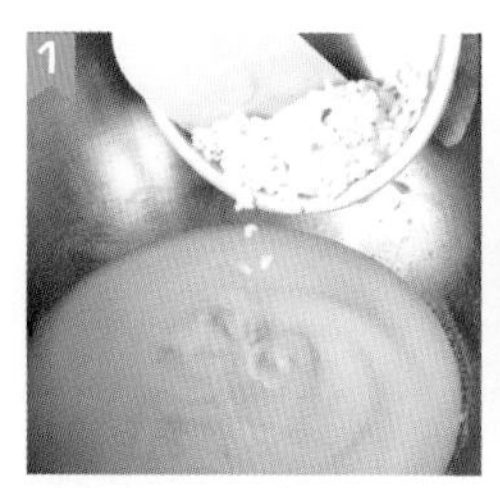

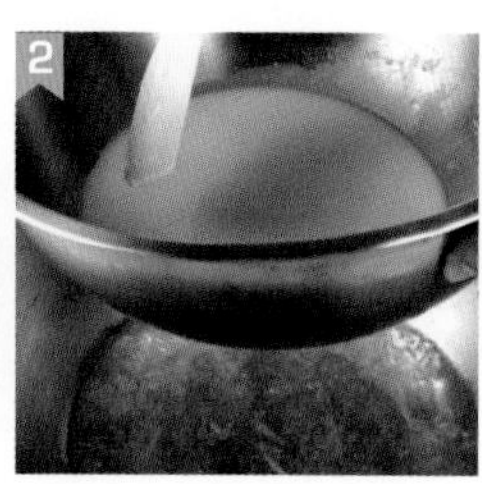

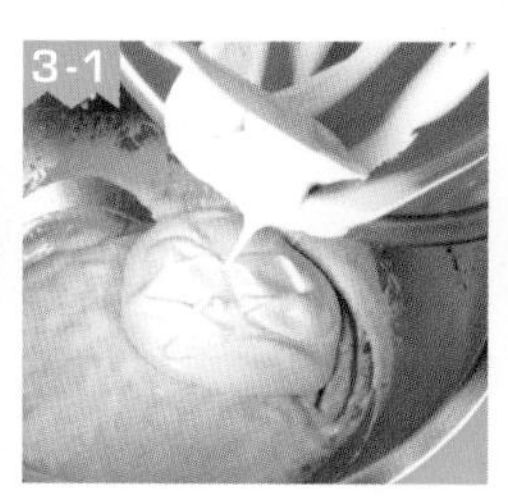

红酒布丁

材料

动物性鲜奶油	185克
冷开水	89毫升
鲜牛奶	637毫升
细砂糖	55克
果冻粉	15克
牛奶香精粉	27克
蛋黄	2颗
红酒	13毫升
玫瑰花茶	适量

做法

1. 将动物性鲜奶油加入冷开水使其回温。
2. 把鲜牛奶、细砂糖、果冻粉、牛奶香精粉一起放入锅内，加热煮至80℃左右后熄火，再加入蛋黄快速拌匀。
3. 继续加入动物性鲜奶油拌匀，再加入红酒拌匀，倒入模型中待凉后，放入冰箱冷藏即可。
4. 食用时先将红酒布丁切成碎丁状，再加入玫瑰花茶中，以草莓（材料外）装饰即可。

芒果布丁

材料

水	300毫升
细砂糖	50克
芒果泥	330克
明胶片	15克
牛奶	15毫升
动物性鲜奶油	25克
芒果丁	适量
草莓	少许

做法

1. 布丁模型内涂上一层薄薄的奶油（分量外）备用。
2. 明胶片泡入冰水中软化，捞出挤干水分备用。
3. 水和细砂糖以中小火煮至细砂糖溶化后熄火，加入明胶片搅拌至明胶片完全溶化，再倒入芒果泥拌匀备用。
4. 于做法3的锅中加入牛奶和动物性鲜奶油拌匀，以细筛网过滤出芒果布丁液，倒入布丁模型中，以瓦斯喷枪快速烤除表面气泡（也可用小汤匙将气泡戳破）。
5. 将完成的布丁模型移入冰箱冷藏至芒果布丁液凝固，食用前以芒果丁和草莓装饰即可。

烹饪小秘方

1.材料中的芒果泥可使用市售的芒果泥，或者将新鲜芒果去皮、去籽，打成泥状味道会更浓郁。

2.材料中的明胶片也可以用洋菜粉取代，两者的差异在于明胶片是萃取自动物皮、骨；洋菜是从海藻等植物萃取而成的。口感上明胶片制作的成品口感软、弹性较佳，洋菜制成品则口感较脆硬。

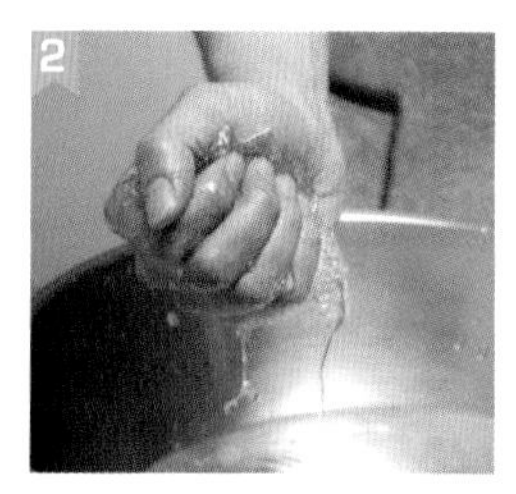

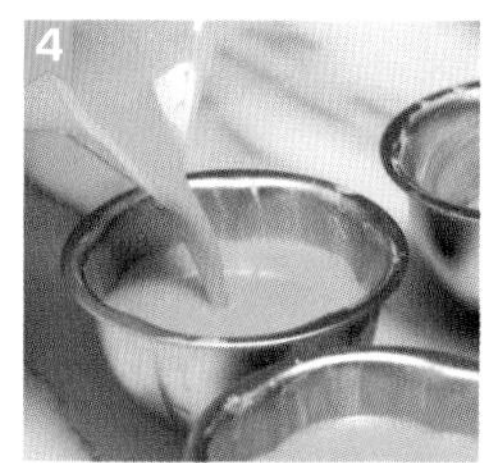

意式米布丁

材料

鲜牛奶	511毫升
鲜奶油	236克
细砂糖	197克
明胶片	12克
米饭	30克
覆盆子果泥	适量
盐	4克

做法

1. 将明胶片以冰水浸泡至软备用。
2. 将鲜奶油放入无水干净的钢盆中，以打蛋器搅拌打发至约6分发备用。
3. 另取一钢盆，将鲜牛奶放入干净的钢盆中，以小火加热至微热，加入细砂糖与盐搅拌至完全溶化，熄火后再加入明胶片与米饭拌匀。
4. 将做法3钢盆放入冰水中降温并搅拌至微稠状，再加入打发好的鲜奶油拌匀，倒入模型中，移入冰箱冷藏约1小时至冷却定型，取出倒扣入盘中，淋上覆盆子果泥即可。

PART 3

滑嫩可口的奶酪

奶酪香醇浓郁的奶味，
滑嫩顺口的口感，
即使不喜欢喝牛奶的小朋友，
也能一口气吃好几个，
其实做法一点都不难，
做好后放入冰箱冷藏，
随时都能品尝。

经典香草鲜奶酪

材料

牛奶	300毫升
动物性鲜奶油	200克
细砂糖	30克
香草荚	1根
明胶片	3片
白兰地酒	10毫升

做法

1. 将香草荚刮出香草籽。
2. 将牛奶、动物性鲜奶油、香草棒及香草籽混合放入容器中，放入冰箱冷藏静置一晚。
3. 明胶片泡入冰水中至软化，捞出挤干水分备用。
4. 将静置一晚的做法2的混合液取出1/3的分量加热，加入细砂糖和明胶片拌至完全溶化后，先过筛再倒回剩余的 2/3材料中，加入白兰地酒略拌匀。
5. 接着倒入模型容器中，放入冰箱冷藏约3小时即可。

烹饪小秘方

1. 香草荚先和牛奶、动物性鲜奶油放在一起静置一晚，可让香草的味道更渗入乳制品内。
2. 若无香草豆荚，也可加入约3克的香草精代替。
3. 加入白兰地酒可以降低牛奶和动物性鲜奶油入口时的油腻感，也可用威士忌取代。

原味鲜奶酪

材料

明胶片15克、鲜牛奶1升、细砂糖150克、鲜奶油150克

做法

1. 将明胶片以冰水泡软后沥干，隔水融化备用。
2. 将鲜牛奶、细砂糖和鲜奶油混合，再煮至细砂糖溶解至微温状态。
3. 再将明胶片倒入奶油牛奶混合液内拌匀，待凉后装入布丁杯，再放入冰箱冷藏成型即可。

鲜奶酪

材料

明胶片10克、鲜牛奶300毫升、鲜奶油200克、细砂糖 100克、香草精1滴

做法

1. 将明胶片泡水至软化。
2. 将鲜牛奶、鲜奶油和细砂糖一起倒入钢盆中加热至约85℃，熄火加入明胶片拌匀至溶化，再加入香草精拌匀。
3. 取模型杯，分别倒入做法2中材料至约8分满，放入冰箱冷藏至凝固。
4. 食用前以打发的鲜奶油（材料外）与草莓（材料外）装饰即可。

杏仁奶酪

材料

南杏　30克
北杏　5克
鲜牛奶　200毫升
明胶片　1.5片
细砂糖　15克
木瓜丁　适量

烹饪小秘方

明胶片在泡冰水时，尽量不要重叠，这样才不会因为粘黏而不易溶解；而明胶片拧干水分，可以避免多余水分稀释奶酪。

做法

1. 将明胶片泡入冰水至软化备用。
2. 将南杏、北杏放入烤箱烤至半熟后放入果汁机中，再加入100毫升鲜牛奶，拌打到细致状，放入纱布之中挤出杏仁牛奶备用。
3. 将做法2中再加入100毫升鲜牛奶及细砂糖，放入锅中加温到60℃后熄火，再将明胶片拧干放入拌至溶解。
4. 将杏仁奶酪液倒入容器之中冷却之后，放入冰箱冷藏至凝固，上方摆上木瓜丁（或其他水果丁）装饰即可。

抹茶红豆奶酪

材料

牛奶520毫升、魔芋果冻粉24克、细砂糖140克、抹茶粉16克、动物性鲜奶油520克、蜜红豆粒适量

做法

1. 牛奶、魔芋果冻粉、细砂糖、抹茶粉混合拌匀，放入锅中以中火煮沸后熄火。
2. 续加入动物性鲜奶油拌匀，以筛网过筛后放置稍凉。
3. 将蜜红豆粒放入模型中，再将做法2中的抹茶奶酪液倒入，放入冰箱冷藏到奶酪凝固即可。

薰衣草奶酪

材料

鲜牛奶500毫升、细砂糖70克、明胶片6片、鲜奶油500克、朗姆酒10毫升、干燥薰衣草适量

做法

1. 将明胶片泡冰水至软化备用。
2. 鲜牛奶加入细砂糖煮沸后熄火，放入干燥薰衣草泡到香气出来，再捞除薰衣草。
3. 再将明胶片拧干放入做法2的牛奶、薰衣草液中拌匀至溶解，再放入鲜奶油、朗姆酒拌匀。
4. 将薰衣草奶酪液倒入模型中，放入冰箱冷藏到奶酪凝固即可。
5. 食用时挤上鲜奶油（材料外）装饰即可。

哈密瓜奶酪

材料

鲜牛奶500毫升、细砂糖70克、明胶片6片、鲜奶油500克、朗姆酒10毫升、哈密瓜球（双色）适量

做法

❶ 将明胶片泡入冰水至软化备用。

❷ 鲜牛奶加入细砂糖煮到细砂糖溶化后，再将明胶片拧干放入鲜牛奶中拌匀至溶解，再放入鲜奶油、朗姆酒拌匀。

❸ 将做法2中的材料倒入模型中至8分满，放入冰箱冷藏到奶酪凝固，放上哈密瓜球做装饰即可。

玫瑰花奶酪

材料

鲜牛奶500毫升、细砂糖70克、香草荚1/2根、明胶片6片、鲜奶油500克、朗姆酒10毫升、玫瑰花酱适量、冷开水适量

做法

❶ 将明胶片泡冰水至软化备用。

❷ 鲜牛奶放入锅中，加入细砂糖、香草荚、鲜奶油，煮到糖溶化，再将明胶片拧干放入鲜牛奶中拌匀至融解，再放入鲜奶油、朗姆酒拌匀。

❸ 将做法2中材料过滤，然后倒入玫瑰花模型中，放入冰箱冷藏到奶酪凝固后脱模，再将玫瑰花酱加冷开水稀释，然后淋在奶酪上，以薄荷叶（材料外）装饰即可。

莲香椰奶桂花糕

材料

Ⓐ

细砂糖	20克
魔芋果冻粉	10克
鲜牛奶	160毫升
炼乳	30克
椰浆	60毫升
动物性鲜奶油	75克

Ⓑ

细砂糖	30克
魔芋果冻粉	10克
水	270毫升
桂花酱	15克
蜜莲子	适量
椰子粉	适量

做法

1. 将材料A的细砂糖、魔芋果冻粉混合拌匀。
2. 鲜牛奶、炼乳、椰浆放入锅中，加入魔芋果冻糖粉拌匀后煮开。
3. 再加入动物性鲜奶油拌匀，倒入模型中至半满，待放凉之后放入冰箱中冷藏至奶冻凝固备用。
4. 将材料B的细砂糖、魔芋果冻粉混合拌匀。
5. 将水、桂花酱放入锅中，加入细砂糖、魔芋果冻粉拌匀后煮沸放置稍凉。
6. 在做好的椰奶冻上放上蜜莲子，再倒入做法5的材料中，放入冰箱冷藏至凝固，食用时撒上适量椰子粉即可。

烹饪小秘方

食用时可以在碟子上加一点椰子粉，再放上莲香椰奶桂花糕，不但可以增加口感，更可以提味。

紫薯奶酪

材料

紫薯	40克
明胶片	2片
鲜牛奶	160毫升
细砂糖	30克
椰奶	30毫升

做法

1. 将紫薯去皮，放入电饭锅中蒸熟备用。
2. 将明胶片泡入冰水至软化备用。
3. 将80毫升的鲜牛奶、椰奶、细砂糖、紫薯放入果汁机中打成泥。
4. 再将另外80毫升鲜牛奶放入锅中煮到60℃。
5. 将明胶片拧干加入鲜牛奶中拌匀至溶解，再加入打好的紫薯泥中拌匀，倒入容器中，放入冰箱冷藏至凝固即可。

牛奶冻

材料

牛奶200毫升、琼脂粉4克、水150毫升、细砂糖40克、果酱适量

做法

1. 水和琼脂粉煮滚后转中小火，再煮约2分钟后加入细砂糖煮匀，待稍冷却后再加入牛奶拌匀。
2. 将做法1的材料注入模型中，放入冰箱中冷藏至定型，再取出切块放入盘中。
3. 淋上适量果酱即可。

南洋椰子奶冻

材料

牛奶400毫升、椰奶400毫升、动物性鲜奶油100克、细砂糖70克、明胶片11片、生椰子粉适量、烤熟椰子粉适量

做法

1. 将明胶片泡入冰水中至软化，捞出挤干水分备用。
2. 将牛奶、椰奶和动物性鲜奶油先混合，取1/3的分量加热，加入细砂糖拌匀至完全溶化，再加入明胶片拌匀至完全溶化。
3. 续倒回剩余的2/3椰奶混合液中混合拌匀，倒入铺了保鲜膜的平盘容器中，放入冰箱冷藏约2小时。
4. 取出后先撒上烤熟的椰子粉和生椰子粉，再切成小块状即可。

提拉米苏酪

材料

马兹卡邦奶酪　300克
动物性鲜奶油　100克
牛奶　100毫升
细砂糖　50克
明胶片　2片
卡鲁哇酒　20毫升

烹饪小秘方

这里的提拉米苏酪配方，吃起来较接近液态的奶酪，如果要吃成型较硬的冻状口感，可以将明胶片的分量改为4片。

做法

1. 将马兹卡邦奶酪和动物性鲜奶油拌软备用。
2. 明胶片泡入冰水中至软化，捞出挤干水分备用。
3. 将牛奶加热，放入细砂糖拌溶，再加入明胶片拌至完全溶化，且降温至20℃。
4. 续加入做法1的材料一起拌匀后先过筛，再加入卡鲁哇酒拌匀。
5. 接着倒入模型中，放入冰箱冷藏约3小时后取出，撒上防潮可可粉（材料外）即可。

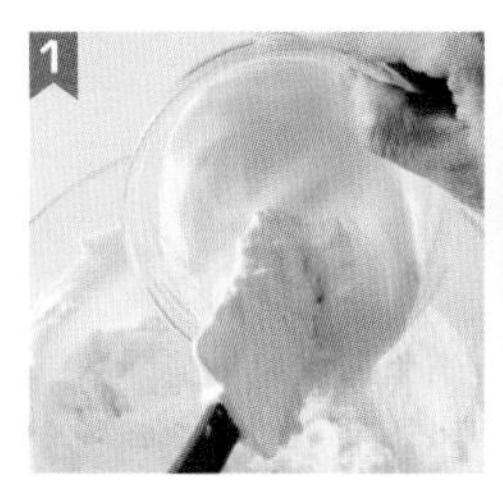

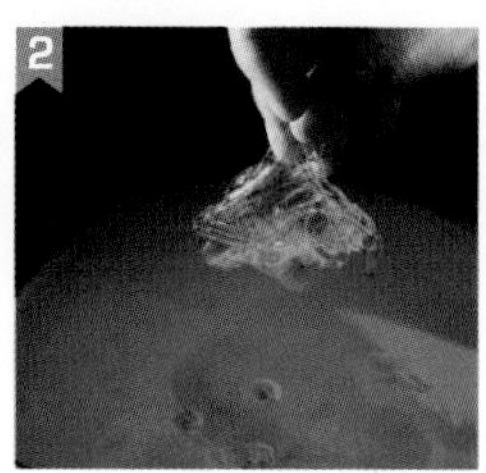

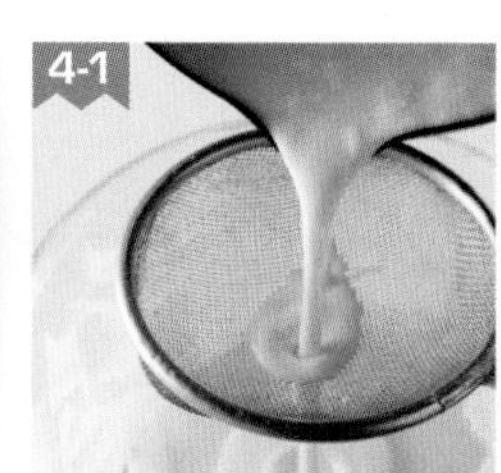

芝麻奶酪

材料

明胶片21克、动物性鲜奶油235克、鲜牛奶586毫升、香草荚1根、细砂糖117克、芝麻粉141克

做法

1. 将明胶片泡入冰水中，动物性鲜奶油使用打蛋器搅打至6分发备用。
2. 将鲜牛奶、香草荚、细砂糖一起放入锅内，加热煮至80℃左右后熄火，再加入泡软的明胶片和芝麻粉一起拌匀。
3. 将做法2的材料坐浴在冰上，直到呈现微凝稠状后加入打发的动物性鲜奶油一起拌匀，倒入模型中待凉后再放入冰箱冷藏即可。

咖啡奶酪

材料

牛奶450毫升、动物性鲜奶油50克、速溶咖啡粉30克、细砂糖35克、明胶片3片

做法

1. 明胶片泡入冰水中至软化，捞出挤干水分备用。
2. 牛奶和动物性鲜奶油先混合，取出1/3的分量加热，再和速溶咖啡粉、细砂糖和明胶片拌至完全溶化，然后续倒回剩余的2/3材料中拌匀。
3. 将溶液装入模型中，放入冰箱冷藏约3小时后即可。

备注：不同品牌的速溶咖啡粉，制作出来的成品颜色会不同。

百香果奶酪

材料

全脂鲜牛奶　250毫升
细砂糖　40克
香草荚　1/4根
明胶片　10克
动物性鲜奶油　250克
百香果酱汁　适量

百香果酱汁

材料：百香果果泥200克、细砂糖100克、杏桃酱100克、百香果1颗

做法：1. 百香果剖开取果肉备用。

2. 将百香果果泥、细砂糖混合以中小火煮至细砂糖溶解，加入杏桃酱和百香果果肉搅拌均匀即可。

做法

1. 明胶片泡入冰水中软化，捞出挤干水分备用。
2. 将香草荚剖开，刮出香草籽后与香草棒一起加入全脂鲜牛奶和细砂糖中，以中小火煮至约70℃，至细砂糖完全溶化后熄火，加入明胶片搅拌至完全溶解，再倒入动物性鲜奶油拌匀备用。
3. 取做法2中的材料以细筛网过滤出奶酪液，倒入模型中，以瓦斯喷枪快速烤除表面气泡（也可用小汤匙将气泡戳破）。
4. 将完成的模型移入冰箱冷藏至奶酪液凝固，食用前淋上百香果酱汁即可。

咖啡奶冻

材料

水	750毫升
果冻粉	25克
细砂糖	85克
咖啡粉	5克
动物性鲜奶油	少许
肉桂粉	少许

做法

1. 水煮沸，加入果冻粉和细砂糖，拌匀煮至溶化，再加入咖啡粉拌匀，即为咖啡冻液。
2. 将咖啡冻液分装至杯内（约装7分满），移入冰箱中冷藏至凝固。
3. 食用前于表面加入少许动物性鲜奶油及肉桂粉即可。

芒果奶酪

材料

全脂鲜牛奶	250毫升
细砂糖	40克
香草荚	1/4根
明胶片	10克
动物性鲜奶油	250克
芒果酱汁	适量
芒果块	少许
薄荷叶	少许

芒果酱汁

材料： 芒果果泥200克、细砂糖100克、杏桃酱100克

做法： 将芒果果泥、细砂糖混合以中小火煮至细砂糖溶解，加入杏桃酱搅拌均匀即可。

做法

1. 明胶片泡入冰水中软化，捞出挤干水分备用。
2. 将香草荚剖开，刮出香草籽后与香草棒一起加入全脂鲜牛奶和细砂糖中，以中小火煮至约70℃，至细砂糖完全溶化后熄火，加入明胶片搅拌至完全溶解，再倒入动物性鲜奶油拌匀备用。
3. 取做法2中的材料以细筛网过滤出奶酪液，倒入模型中，以瓦斯喷枪快速烤除表面气泡（也可用小汤匙将气泡戳破）。
4. 将完成的芒果奶酪模型移入冰箱冷藏至奶酪液凝固，食用前淋上芒果酱汁，再以芒果块和薄荷叶装饰即可。

草莓奶酪

材料

A

全脂鲜牛奶	250毫升
细砂糖	40克
香草荚	1/4根

B

明胶片	10克

C

动物性鲜奶油	250克

D

草莓酱汁	适量

E

草莓块	少许
薄荷叶	少许

做法

1. 明胶片泡入冰水中软化，捞出挤干水分备用。
2. 将香草荚剖开，刮出香草籽后与香草棒一起加入全脂鲜牛奶和细砂糖中，以中小火煮至约70℃，至细砂糖完全溶化后熄火，加入明胶片搅拌至完全溶解，再倒入动物性鲜奶油拌匀备用。
3. 取做法2中的材料以细筛网过滤出奶酪液，倒入模型中，以瓦斯喷枪快速烤除表面气泡（也可用小汤匙将气泡戳破）。
4. 将完成的草莓奶酪模型移入冰箱冷藏至奶酪液凝固，食用前淋上草莓酱汁，并摆上草莓块、薄荷叶装饰即可。

草莓酱汁

材料： 草莓果泥200克、细砂糖100克、杏桃酱100克

做法： 将草莓果泥、细砂糖混合以中小火煮至细砂糖溶解，加入杏桃酱搅拌均匀即可。

蓝莓奶酪

材料

Ⓐ

全脂鲜牛奶	250毫升
细砂糖	40克
香草荚	1/4根

Ⓑ

明胶片	10克

Ⓒ

动物性鲜奶油	250克

Ⓓ

蓝莓酱汁	适量

蓝莓酱汁

材料： 蓝莓200克、水100毫升、细砂糖50克

做法： 将所有材料混合以中小火煮至细砂糖溶解，搅拌均匀即可。

做法

❶ 明胶片泡入冰水中软化，捞出挤干水分备用。

❷ 将香草荚剖开，刮出香草籽后与香草棒一起加入全脂鲜牛奶和细砂糖中，以中小火煮至约70℃，至细砂糖完全溶化后熄火，加入明胶片搅拌至完全溶解，再倒入动物性鲜奶油拌匀备用。

❸ 取做法2中的材料以细筛网过滤出奶酪液，倒入模型中，以瓦斯喷枪快速烤除表面气泡（也可用小汤匙将气泡戳破）。

❹ 将完成的奶酪模型移入冰箱冷藏至奶酪液凝固，食用前淋上蓝莓酱汁即可。

酸奶草莓奶冻

材料

Ⓐ

酸奶	150毫升
冷开水	150毫升
细砂糖	50克
明胶片	8片

Ⓑ

草莓粉	5克
鲜牛奶	300毫升
明胶片	8片
细砂糖	50克

做法

1. 从冰箱拿出的酸奶先放置室温下回温；将材料A中的明胶片用冰水泡软，沥干备用。
2. 冷开水加细砂糖拌匀，用小火加热至细砂糖完全溶解，再加入酸奶拌匀，最后加入泡软的明胶片煮至溶化，即可趁热倒入小的心形模型，等冷却定型后扣出备用。
3. 将材料B的明胶片用冰水泡软，沥干备用。
4. 鲜牛奶加细砂糖拌匀，用小火加热至细砂糖完全溶解，再加入草莓粉拌匀，最后加入泡软的明胶片煮至溶化。
5. 将做好的心形小果冻放入大的心形模型中，待做法4中的果冻液稍凉时，即可倒入模型中，冷藏定型，扣出后即成为双层心形的漂亮果冻。

柠檬奶酪

材料

Ⓐ全脂鲜牛奶180毫升、动物性鲜奶油80克、细砂糖40克 Ⓑ 明胶片10克 Ⓒ原味酸奶140毫升、柠檬汁25毫升、柳橙汁25毫升 Ⓓ柠檬块适量、草莓片适量

做法

❶ 明胶片泡入冰水中软化，捞出挤干水分备用。

❷ 所有材料A以中小火煮至约85℃，至细砂糖完全溶化后熄火，加入明胶片搅拌至完全溶化，再倒入材料C拌匀备用。

❸ 取做法2的材料以细筛网过滤出柠檬奶酪液，倒入模型中，以瓦斯喷枪快速烤除表面气泡（也可用小汤匙将气泡戳破）。

❹ 将完成的模型移入冰箱冷藏至柠檬奶酪液凝固，食用前以柠檬块和草莓块装饰即可。

熊猫豆腐

材料

细砂糖（A）30克 、果冻粉（A）6克 、无糖豆浆500毫升 、细砂糖（B）30克 、果冻粉（B）6克、无糖黑豆浆500毫升

做法

❶ 无糖黑豆浆、细砂糖（A）和果冻粉（A）混合拌匀煮滚后，用纸巾将粗气泡吸起来，待降温后即可倒入模型中约1/2的分量，放入冰箱中冷藏约1小时备用。

❷ 无糖豆浆、细砂糖（B）和果冻粉（B）混合拌匀煮滚后，用纸巾将粗气泡吸起来，待降温后，即可倒入做法1已凝结的模型中，放入冰箱中冷藏约1小时即可。

香叶苹果奶酪

材料

牛奶	400毫升
动物性鲜奶油	100克
细砂糖	40克
香叶	2片
肉桂粉	2克
明胶片	4片
苹果馅	适量

做法

1. 明胶片泡入冰水中至软化，捞出挤干水分备用。
2. 将牛奶、动物性鲜奶油和香叶分别放入冰箱冷藏一晚备用。
3. 将牛奶和动物性鲜奶油（香叶不加入）混合后，取1/3的分量，加入香叶和肉桂粉加热，放入细砂糖和明胶片，拌匀至完全溶化后过筛。
4. 再倒回做法3中剩余的2/3材料中拌匀，即可倒入已盛有苹果馅的模型中，放入冰箱冷藏约2小时即可。

苹果馅

材料：苹果1个（切丁）、奶油15克、细砂糖40克、柠檬汁20毫升

做法：奶油和细砂糖先炒至焦色后，加入苹果丁拌炒至呈黄褐色，再加入柠檬汁拌匀即可盛入模型中。

香蕉奶酪

材料

Ⓐ

全脂鲜牛奶	180毫升
细砂糖	40克
香草荚	1/4根

Ⓑ

明胶片	7.5克

Ⓒ

动物性鲜奶油	250克

Ⓓ

黄油	30克
细砂糖	30克
香蕉	2根

做法

1. 香蕉去皮切片（留少许装饰用）备用。
2. 将材料D中的黄油和细砂糖放入平底锅以中小火煮溶，放入香蕉片煎至表面呈金黄色，起锅前撒上少许细砂糖，摆入模型中备用。
3. 明胶片泡入冰水中软化，捞出挤干水分备用。
4. 将香草荚剖开，刮出香草籽后与香草棒一起加入其余材料A中，以中小火煮至约70℃，至细砂糖完全溶化后熄火，加入明胶片搅拌至明胶片完全溶化，再倒入动物性鲜奶油拌匀备用。
5. 取做法4的材料以细筛网过滤出奶酪液，倒入做法2中模型中，以瓦斯喷枪快速烤除表面气泡（也可用小汤匙将气泡戳破）。
6. 将完成的奶酪模型移入冰箱冷藏至奶酪液凝固，摆上香蕉片装饰即可。

百香椰奶酪

材料

椰奶	250毫升
水	50毫升
牛奶	300毫升
细砂糖（A）	60克
明胶片	4片
百香奶酪	适量
百香果酱	适量
动物性鲜奶油	100克
细砂糖（B）	30克
百香果酱	50克
水	20毫升

烹饪小秘方

酸性物质和动物性鲜奶油混合后，会自然产生稠化的反应，所以百香奶酪会带点浓稠状。

做法

1. 明胶片泡入冰水中至软化，捞出挤干水分备用。
2. 细砂糖（A）、百香果酱、水先煮至完全溶化，待降温冷却后，再和动物性鲜奶油混合拌匀，倒入模型容器中。
3. 将牛奶和细砂糖（B）煮至细砂糖完全溶化，加入明胶片溶化，续加入椰奶和水，拌匀，先过筛，倒入做法2的模型中，冷藏约2小时后，取出加入适量的百香果酱即可。

百香奶酪材料

材料： 动物性鲜奶油100克、细砂糖30克、百香果酱50克、水20毫升

做法： 细砂糖、百香果酱和水先煮至细砂糖完全溶化，待降温冷却后，再和动物性鲜奶油混合拌匀，即可倒入模型容器中。

巧克力炖奶

材料

鸡蛋2个（取蛋清）、鲜牛奶200毫升、细砂糖1大匙、巧克力酱1大匙

做法

1. 将鲜牛奶和细砂糖放入碗中搅打均匀，再加入蛋清继续搅拌均匀，过滤去除结块的蛋清，再加入巧克力酱拌匀。
2. 将巧克力牛奶酱分装成2碗，分别盖上保鲜膜，移入蒸锅中以小火蒸约8分钟至完全凝固即可。

覆盆子奶冻

材料

明胶片15克、动物性鲜奶油100克、鲜牛奶350毫升、细砂糖120克、覆盆子库力150克

做法

1. 将明胶片用冰水泡软备用。
2. 把鲜牛奶、细砂糖、动物性鲜奶油、覆盆子库力一起放入锅内，加热煮至70℃左右熄火。
3. 继续加入泡软的明胶片，拌匀后倒入模型中待凉，再放入冰箱冷藏即可。

覆盆子库力

材料： 覆盆子果泥150克、细砂糖30克

做法： 将覆盆子果泥和细砂糖一起搅拌均匀。

覆盆子奶酪

材料

Ⓐ

全脂鲜牛奶	250毫升
细砂糖	40克
香草荚	1/4根

Ⓑ

明胶片	10克

Ⓒ

动物性鲜奶油	250克

Ⓓ

覆盆子果酱	适量

覆盆子果酱

材料： 覆盆子果泥200克、细砂糖100克、杏桃酱100克

做法： 将覆盆子果泥、细砂糖混合以中小火煮至细砂糖溶解，加入杏桃酱搅拌均匀即可。

做法

1. 明胶片泡入冰水中软化，捞出挤干水分备用。
2. 将香草荚剖开，刮出香草籽后与香草棒一起加入其余材料A中，以中小火煮至约70℃，至细砂糖完全溶化后熄火，加入明胶片搅拌至明胶片完全溶解，再倒入动物性鲜奶油拌匀备用。
3. 取做法2的材料以细筛网过滤出奶酪液，倒入模型中，以瓦斯喷枪快速烤除表面气泡（也可用小汤匙将气泡戳破）。
4. 将完成的奶酪模型移入冰箱冷藏至奶酪液凝固，食用前淋上覆盆子果酱即可。

巴伐利亚奶酪

材料

动物性鲜奶油	100克
牛奶	100毫升
蛋黄	3颗
细砂糖	70克
香草酱	3克
明胶片	2片
打发的动物性鲜奶油	150克
覆盆子果酱	少许
热带水果馅	适量

做法

1. 明胶片泡入冰水中至软化，捞出挤干水分备用。
2. 将蛋黄、细砂糖和香草酱混合拌匀备用。
3. 牛奶和动物性鲜奶油先混合后，取2/5的分量加热煮滚后，倒入做法2的材料，再加热煮至83℃，加入明胶片拌匀至溶化降温。
4. 续加入打发的动物性鲜奶油拌匀，再倒入剩余的3/5牛奶和动物性鲜奶油混合液拌匀，装入模型中，放入冷藏至凝结，取出后加入覆盆子果酱和热带水果馅即可。

热带水果馅

材料：奶油15克、细砂糖50克、菠萝丁100克、芒果丁100克，百香果酱、柠檬皮屑各少许

做法：将奶油和细砂糖炒至上色，加入菠萝丁和柠檬皮屑炒出水分，再加入芒果丁和百香果酱拌匀即可。

水蜜桃鲜奶冻

材料

Ⓐ 鲜牛奶300毫升、动物性鲜奶油 50克、海藻糖50克、果冻粉7克 Ⓑ 罐装水蜜桃2块

做法

1. 罐装水蜜桃切丁备用。
2. 取材料A的材料（除动物性鲜奶油外），以小火煮至海藻糖和果冻粉溶解后熄火，倒入动物性鲜奶油搅拌均匀成果冻液备用。
3. 于果冻杯中摆入切好的水蜜桃丁，再倒入果冻液，移至冰箱冷藏至凝结，食用前表面装饰水蜜桃片（分量外）即可。

鳄梨奶酪

材料

明胶片3片、鳄梨80克、牛奶200毫升、动物性鲜奶油100克、蜂蜜60克

做法

1. 明胶片泡入冰水中至软化，捞出挤干水分备用。
2. 将鳄梨、牛奶、动物性鲜奶油和蜂蜜放入果汁机中打匀后，取1/4的分量加热，然后放入明胶片拌匀至溶化。
3. 续倒回做法2剩余的3/4材料中拌匀，即可倒入模型中，放入冰箱冷藏约3小时即可。

白酒水果奶酪

材料

全脂鲜牛奶	250毫升
细砂糖	85克
明胶片	10克
白酒	110克
动物性鲜奶油	120克
罐装水蜜桃	1片
草莓块	适量
奇异果块	适量
芒果块	适量
食用玫瑰花瓣	适量

做法

❶ 罐装水蜜桃切小块，放入模型中备用。

❷ 明胶片泡入冰水中软化，捞出挤干水分备用。

❸ 将全脂鲜牛奶、动物性鲜奶油和细砂糖以中小火煮至细砂糖完全溶化后熄火，加入明胶片搅拌至完全溶解，倒入白酒拌匀备用。

❹ 以细筛网过滤出白酒奶酪液，倒入盛有水蜜桃块的模型中，以瓦斯喷枪快速烤除表面气泡（也可用小汤匙将气泡戳破）。

❸ 将完成的白酒奶酪液模型移入冰箱冷藏至凝固，食用前以奇异果块、草莓块、芒果块和食用玫瑰花瓣装饰即可。

水果奶酪

材料

鲜牛奶230毫升、动物性鲜奶油611克、细砂糖80克、明胶片18克、苹果1/4个、奇异果1个、草莓片适量、栗子适量

做法

1. 将苹果切片，奇异果切丁。
2. 将鲜牛奶、动物性鲜奶油、细砂糖放入干净锅中，以小火加热搅拌至细砂糖完全溶化。
3. 将明胶片以冰开水浸泡至软，放入干净容器中隔水加热至溶化，再加入做法1中拌匀。
4. 最后分装入杯中，移入冰箱冷藏，食用时取出，加入苹果片、奇异果丁、草莓片和栗子即可。

双层水果奶冻

材料

Ⓐ 鲜牛奶300毫升、动物性鲜奶油50克、海藻糖50克、果冻粉7克 Ⓑ水150毫升、海藻糖30克、果冻粉4克 Ⓒ奇异果丁75克、西瓜丁150克、芒果丁150克

做法

1. 取动物性鲜奶油之外的所有材料A，以小火煮至海藻糖和果冻粉溶解后熄火，倒入动物性鲜奶油搅拌均匀，再平均装入果冻杯内1/2满，移至冰箱冷藏至凝结成鲜牛奶冻。
2. 取出凝结的鲜牛奶冻，摆上适量的材料C中三色水果丁备用。
3. 将材料B混合以小火煮溶后熄火，移出隔着冰水不停搅拌至果冻液稍微冷却，倒入鲜牛奶水果冻上至满杯，移至冰箱冷藏至凝结即可。

伯爵奶酪冻

材料

Ⓐ

伯爵茶包	1包
开水	80毫升

Ⓑ

全脂鲜牛奶	200毫升
动物性鲜奶油	100克
细砂糖	45克

Ⓒ

明胶片	15克

Ⓓ

伯爵茶包	1包
水	200毫升
果冻粉	15克
细砂糖	15克

做法

❶ 将伯爵茶包以开水冲泡静置约4分钟备用。

❷ 明胶片泡入冰水中软化，捞出挤干水分备用。

❸ 所有材料B以中小火煮至细砂糖完全溶化后熄火，加入明胶片搅拌至明胶片完全溶解，再倒入伯爵茶拌匀备用。

❹ 取做法3中的材料以细筛网过滤出伯爵奶酪液，倒入模型中（约7分满），以瓦斯喷枪快速烤除表面气泡（也可用小汤匙将气泡戳破）。

❺ 将完成的伯爵奶酪液移入冰箱冷藏至凝固，备用。

❻ 将材料D的伯爵茶包和水放入锅中煮至滚沸后熄火，加入细砂糖、果冻粉拌匀至果冻粉溶匀，稍凉后取出伯爵奶酪，倒入适量的伯爵茶冻液，再移至冰箱冷藏至凝固即可。

中华奶酪

材料

微甜米浆500毫升、花生酱30克、果冻粉4克、红糖水适量

做法

1. 微甜米浆、花生酱和果冻粉混合拌匀煮滚后，用纸巾将粗气泡吸除，待降温后即可倒入模型中，放入冰箱冷藏约1小时。
2. 食用前再淋上红糖水即可。

红糖水

材料： 红糖100克、热水100毫升

做法： 红糖直接放入锅中干炒，至有香味溢出，且溶化后，再加入热水即可。

杏仁奶酪

材料

全脂鲜牛奶175毫升、细砂糖40克、明胶片8克、动物性鲜奶油100克、杏仁粉40克、熟杏仁片少许

做法

1. 将动物性鲜奶油和杏仁粉调匀备用。
2. 明胶片泡入冰水中软化，捞出挤干水分备用。
3. 全脂鲜牛奶和细砂糖以中小火煮至约70℃，至细砂糖完全溶化后熄火，加入明胶片搅拌至明胶片完全溶解，再倒入做法1中的材料拌匀备用。
4. 取做法3中的材料以细筛网过滤出杏仁奶酪液，倒入模型中，以瓦斯喷枪快速烤除表面气泡（也可用小汤匙将气泡戳破）。
5. 将完成的杏仁奶酪液模型移入冰箱冷藏至凝固，插上熟杏仁片装饰即可。

柠檬乌龙茶奶酪

材料

牛奶	350毫升
乌龙茶叶	10克
细砂糖	40克
动物性鲜奶油	200克
明胶片	4片
柚子酱	适量
柠檬果冻丁	适量

做法

1. 明胶片泡入冰水中至软化，捞出挤干水分备用。
2. 将牛奶煮滚后，加入乌龙茶叶焖5分钟，过筛后，再加入细砂糖和明胶片拌匀至溶化，再加入动物性鲜奶油拌匀，拌匀的过程中，要一边泡至冰水中降温至10～13℃，即可倒入模型中约1/2的分量，放入冰箱中冷藏约3小时。
3. 取出凝结的乌龙茶奶酪，放上少许的柚子酱，再加入柠檬果冻丁即可。

柠檬果冻丁

材料： 柠檬汁70毫升、水50毫升、细砂糖50克、果冻粉8克

做法： 将柠檬汁、水、细砂糖和果冻粉混合煮滚，待降温后倒入平盘容器内，放入冰箱冷藏约1小时，取出切小丁即可。

豆腐奶酪

材料

Ⓐ

明胶片	30克
动物性鲜奶油	400克

Ⓑ

豆浆	240毫升
绵白糖	80克
豆腐	270克

Ⓒ

蛋黄	2颗
绵白糖	80克

Ⓓ

碎核桃	10克
碎开心果	10克
碎橘皮	10克
蔓越莓	10克

做法

1. 将明胶片泡入冰水中，动物性鲜奶油使用打蛋器搅打至6分发备用。
2. 将材料B中的豆浆、绵白糖、豆腐一起放入锅内，加热煮至80℃左右后熄火。
3. 材料C中的蛋黄和绵白糖一起混合搅拌至颜色变白且浓稠状后，再将做法2中的材料加入，然后快速地一起拌匀，再加入明胶片拌匀。
4. 让做法3中的材料放在冰上，直到呈现微凝稠状后，再加入所有的材料D一起拌匀。
5. 继续加入打发好的动物性鲜奶油，拌匀后倒入模型中放凉，再放入冰箱冷藏即可。

黑豆奶冻

材料

黑豆浆500毫升、洋菜条4克、白细砂糖30克

做法

1. 洋菜条加冷水泡软备用。
2. 将黑豆浆倒入锅中煮滚后，转小火加入洋菜条，拌煮至洋菜条溶化，续加入细砂糖煮至糖溶化，过筛后倒入模型中待凉。
3. 将模型放入冰箱中，待冰凉后即可。

水果豆奶酪

材料

无糖豆浆516毫升、豆腐103克、细砂糖84克、明胶片8.5克、水蜜桃丁适量、盐1.5克

做法

1. 无糖豆浆与豆腐放入钢盆中，以电动搅拌器搅拌至无颗粒的细致状态，小火煮滚，熄火续加入细砂糖和盐，以同方向搅拌至完全溶化。
2. 明胶片以冰水泡软，取出挤干水分，加入尚有余温的豆腐豆浆液，以同方向搅拌至完全溶化备用。
3. 将做法2中的整个钢盆泡入冰水中降温至变得较为浓稠，倒入杯中至约8分满，加盖移入冰箱冷藏。
4. 食用前加入适量水蜜桃丁即可。

意式奶酪

材料

全脂鲜牛奶	250毫升
细砂糖	40克
香草荚	1/4根
明胶片	10克
动物性鲜奶油	250克

烹饪小秘方

加热乳制品时火不能太大，因为鲜牛奶或鲜奶油沸腾时蛋白质会被破坏，乳脂和乳蛋清分离，成品难以成形，所以要用小火加热细砂糖和牛奶，熄火后再加入明胶片、鲜奶油。

做法

1. 明胶片泡入冰水中软化，捞出挤干水分备用。
2. 将香草荚剖开，刮出香草籽后与香草棒一起加入全脂鲜牛奶和细砂糖中，以中小火煮至约70℃，至细砂糖完全溶化后熄火，加入明胶片搅拌至完全溶解，倒入动物性鲜奶油拌匀备用。
3. 取做法2中的材料以细筛网过滤出意式奶酪液，倒入模型中，以瓦斯喷枪快速烤除表面气泡（也可用小汤匙将气泡戳破）。
4. 将意式奶酪液模型移入冰箱冷藏至凝固即可。

抹茶豆腐奶冻

材料

Ⓐ 无糖豆浆120毫升、椰奶120毫升、抹茶粉2克、细砂糖50克 Ⓑ 明胶片20克、动物性鲜奶油200克、冰块水1钢盆

做法

1. 明胶片泡入冰水中，泡软挤干水分备用。
2. 动物性鲜奶油搅拌至浓稠约六分发备用。
3. 将所有材料A混合，以小火加热至细砂糖与抹茶粉完全溶化后即可离火备用。
4. 将泡软的明胶片放入做法3中的锅中拌至明胶片完全溶化（60~65℃）。
5. 将锅放在准备好的冰块水钢盆中，以塑料刮刀轻轻搅拌至温度冷却并呈浓稠状，再加入打发的鲜奶油拌匀，即可倒入模型，冷藏至凝固。
6. 食用前，脱模分切成小块状即可。

抹茶奶酪

材料

明胶片15克、冷开水89毫升、抹茶粉13克、动物性鲜奶油185克、细砂糖55克、鲜牛奶637毫升

做法

1. 将明胶片泡入冰水中备用；取冷开水和过筛的抹茶粉一起拌匀成抹茶液备用。
2. 将鲜牛奶、动物性鲜奶油、细砂糖和抹茶液一起放入锅内，加热煮至80℃左右熄火。
3. 继续加入泡软的明胶片，拌匀后倒入模型中待凉，放入冰箱冷藏即可。

抹茶炼奶酪

材料

牛奶	400毫升
细砂糖	30克
炼乳	100克
抹茶粉	5克
冷开水	30毫升
明胶片	3片

烹饪小秘方

抹茶粉和冷开水先拌匀，才不会产生结块的状况。先降低温度，再将材料倒入模型中，是为了推迟抹茶粉沉淀。先过筛再倒入模型中，可再度防止抹茶粉结块。

做法

1. 明胶片泡入冰水中至软化，捞出挤干水分备用。
2. 抹茶粉和冷开水混合拌匀备用。
3. 取150毫升的牛奶加热，加入细砂糖、炼乳和明胶片拌匀至溶化后，再加入抹茶液拌匀，先过筛再和250毫升的牛奶拌匀，拌匀的过程中，要一边泡至冰水中降温至8～10℃，即可过筛倒入模型中，放入冰箱中冷藏3小时。
4. 食用前放入几颗熟蜜红豆（材料外），筛入些许抹茶粉（材料外）装饰即可。

香蕉巧克力酥冻

材料

牛奶	400毫升
动物性鲜奶油	100克
明胶片	4片
巧克力酱	200克
可可粉	10克
可可酒	10毫升
香蕉（碾泥）	1根
巧克力脆片	适量

做法

1. 明胶片泡入冰水中至软化，捞出挤干水分备用。
2. 牛奶和动物性鲜奶油先混合，取出1/3的分量加热，再和巧克力酱、可可粉一边加热一边拌匀，最后加入明胶片、可可酒和香蕉泥拌至完全溶化后过筛。
3. 续倒回做法2剩余的2/3材料中混合拌匀，拌匀的过程中同时泡至冰水中降温至8～10℃，即可倒入模型中，上面点缀适量巧克力脆片，放入冰箱中冷藏3小时即可。

烹饪小秘方

加入可可粉是为了增加色彩，但可可粉越多，成品的颜色会越深。加入可可酒是为了增加风味，所以可加也可不加。先降低温度，再将材料倒入模型中，是为了推迟香蕉泥沉淀。

山药芋头奶酪

材料

明胶片4片、山药200克、牛奶（A）200毫升、芋泥50克、牛奶（B）100毫升、细砂糖60克

做法

❶ 明胶片泡入冰水中至软化，捞出挤干水分备用。

❷ 山药去皮、切块，放入滚水中汆烫备用。

❸ 将牛奶（A）、烫好的山药和芋泥放入果汁机中打成泥状。

❹ 牛奶（B）加热后加入细砂糖、明胶片和打好的牛奶山药芋泥拌匀，搅拌降温后即可倒入模型中，放入冰箱冷藏至凝结即可。

榛果奶酪

材料

香草荚1/2根、明胶片30克、鲜牛奶100毫升、细砂糖50克、榛果酱100克、动物性鲜奶油150克

做法

❶ 将明胶片泡入冰水中备用。

❷ 将鲜牛奶、香草荚一起放入锅内，加热煮至80℃左右后熄火，先取出香草荚，再加入细砂糖和榛果酱一起拌匀，然后加入泡软的明胶片拌匀。

❸ 最后加入动物性鲜奶油一起拌匀，装入模型中待凉后放入冰箱冷藏即可。

巧克力奶酪

材料

全脂鲜牛奶	250毫升
细砂糖	40克
香草荚	1/4根
明胶片	10克
动物性鲜奶油	250克
巧克力酱	适量

巧克力酱

材料： 巧克力块100克、动物性鲜奶油200克

做法： 将巧克力块隔水加热至溶化，加入动物性鲜奶油拌匀，改以中小火煮至微滚即可。

做法

1. 明胶片泡入冰水中软化，捞出挤干水分备用。
2. 将香草荚剖开，刮出香草籽后与香草棒一起加入全脂鲜牛奶和细砂糖中，以中小火煮至约70℃，至细砂糖完全溶化后熄火，加入泡软的明胶片搅拌至明胶片完全溶解，再倒入动物性鲜奶油拌匀备用。
3. 取做法2中的材料以细筛网过滤出奶酪液，倒入模型中，以瓦斯喷枪快速烤除表面气泡（也可用小汤匙将气泡戳破）。
4. 将完成的奶酪模型移入冰箱冷藏至奶酪液凝固，食用前淋上巧克力酱即可。

奶酪樱桃奶冻

材料

奶油奶酪	250克
动物性鲜奶油	250克
牛奶	300毫升
细砂糖	50克
蛋黄	2颗
明胶片	4片
樱桃馅	适量

樱桃馅

材料： 樱桃果泥100克、新鲜柠檬汁10克

做法： 将全部的材料直接拌匀即可。

做法

1. 奶油奶酪放至室温下软化备用。
2. 明胶片泡入冰水中至软化，捞出挤干水分备用。
3. 动物性鲜奶油和软化的奶油奶酪拌匀备用。
4. 将牛奶和细砂糖先加热煮滚后，再冲入蛋黄拌匀，加入做法3中的材料拌匀，过筛后加入软化的明胶片拌至完全溶化，即可倒入模型，放入冰箱冷藏约2小时后取出，加上适量的樱桃馅即可。

菠萝奶冻

材料

菠萝果泥267克、细砂糖133克、明胶片14克、白兰地酒25克、动物性鲜奶油360克

做法

1. 将菠萝果泥、细砂糖放入锅内煮到溶化约80℃后熄火。
2. 加入泡软的明胶片至溶化后，再加入白兰地酒拌匀。
3. 使其坐冰浴并轻拌至呈现出浓稠状后，加入搅打至6分发的动物性鲜奶油，再倒入杯中最后放入冰箱冷藏即可。

烹饪小秘方

制作好的慕斯，通常可使用水果或巧克力片作为装饰，以增加美观。

巧克力奶冻

材料

明胶片10克、苦甜巧克力200克、鲜牛奶800毫升、细砂糖50克、可可粉5克、卡鲁哇酒50毫升

做法

1. 将明胶片泡入冰水中备用，苦甜巧克力切碎备用。
2. 把鲜牛奶、细砂糖、可可粉加热煮至80℃左右，直到细砂糖溶化后，再加入切碎的苦甜巧克力拌匀。
3. 继续加入泡软的明胶片拌匀，最后加入卡鲁哇酒拌匀，倒入模型中待凉，再放入冰箱中冷藏，取出后以草莓（材料外）装饰即可。

椰奶奶酪

材料

明胶片	37克
动物性鲜奶油	374克
鲜牛奶	224毫升
椰奶	374毫升
细砂糖	90克
草莓丁	少许
醋栗	少许
蓝莓	适量
饼干杯	适量

做法

1. 将明胶片用冰水泡软备用，动物性鲜奶油使用打蛋器搅打至6分发备用。
2. 将鲜牛奶、椰奶、细砂糖一起放入锅内，加热煮至80℃左右后熄火，再加入明胶片一起拌匀。
3. 让做法2中的材料坐浴在冰上，直到呈现微凝稠状，加入搅打过的动物性鲜奶油一起拌匀，再倒入模型中待凉，并放入冰箱冷藏。
4. 食用时先将椰奶布丁切成块状放入饼干杯中，再放入草莓丁、蓝莓、醋栗作为装饰即可。

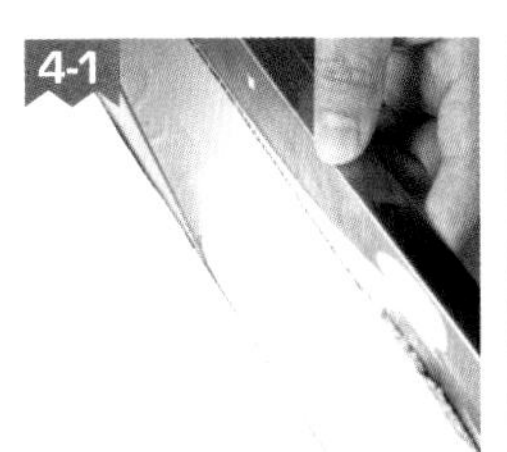

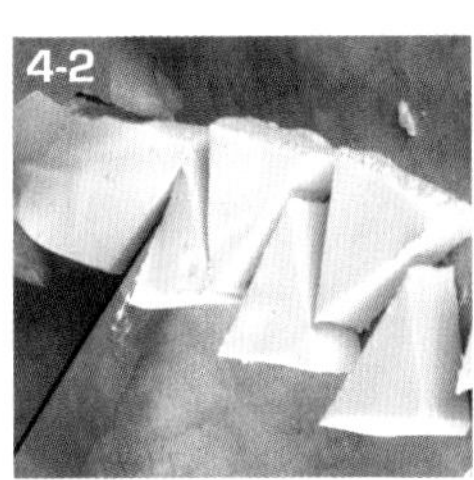

原味炖奶

材料

鲜牛奶	200毫升
鲜奶油	2大匙
鸡蛋	2个
冰糖	1.5大匙

做法

1. 鸡蛋打入碗中搅打均匀备用，鲜牛奶、鲜奶油和冰糖放入碗中搅拌至溶解，然后倒入蛋液中继续搅拌均匀。
2. 过滤去除结块的蛋汁，用小汤匙将蛋汁表面残留的小气泡捞除，分装成2碗，分别盖上保鲜膜，移入蒸锅中以小火蒸。
3. 持续蒸约10分钟至完全凝固即可。

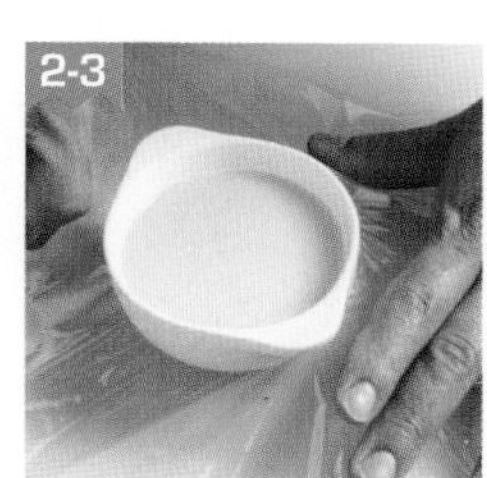

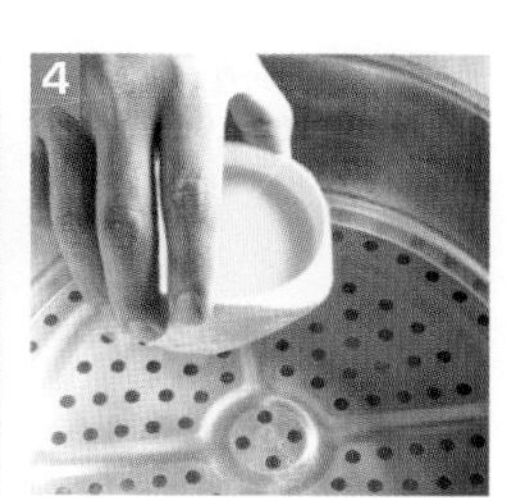

双皮炖奶

材料

全脂鲜牛奶 300毫升
鸡蛋（取蛋清）2个
椰奶 3大匙
细砂糖 1大匙

做法

1. 将全脂鲜牛奶倒入小钢锅中，以小火慢煮约12分钟至表面结皮，放凉备用。
2. 蛋清打入小碗中，将放凉的鲜牛奶加入蛋清中（奶皮不倒入蛋清中，锅底留少许鲜牛奶）。
3. 将椰奶与细砂糖依序加入牛奶蛋清液中，拌匀至颜色均匀。过滤去除结块的蛋清，并倒入小碗中。
4. 将做法2锅中剩下的奶皮轻轻挑起，放入小碗中的椰奶上。将奶皮摊开，盖上保鲜膜放入蒸锅中，以小火蒸约12分钟至完全凝固即可。

烹饪小秘方

双皮炖奶选择脂肪含量越高的奶品越好，最好是全脂牛奶，或是现挤的牛奶效果更好，奶粉可增加鲜牛奶浓度，可酌量加入，但最好不要全用奶粉，若用低脂或脱脂牛奶就无法煮出奶皮。煮奶皮的时候如果觉得奶皮太薄可以再煮久一点，但牛奶的分量会蒸发减少，奶皮煮好之后要相对补充适量的鲜牛奶。

姜汁炖奶

材料

老姜汁1大匙、鸡蛋（取蛋清）2个、鲜牛奶200毫升、细砂糖2大匙

做法

1. 将鲜牛奶和细砂糖放入碗中搅打均匀，再加入蛋清继续搅拌均匀，过滤去除结块的蛋清，再加入老姜汁拌匀。
2. 将做法1中的牛奶姜汁分装成2碗，分别盖上保鲜膜，移入蒸锅中以小火蒸约8分钟至完全凝固即可。

烹饪小秘方

要判断炖奶是否完全凝固，可以轻轻摇晃小碗，若全部都凝固，则不会局部摇得特别剧烈，这样就大功告成。

红豆炖奶

材料

鸡蛋（取蛋清）2个、鲜牛奶180毫升、鲜奶油1大匙、熟蜜红豆2大匙、细砂糖1大匙

做法

1. 将鲜牛奶、鲜奶油和细砂糖放入碗中搅打均匀，再加入蛋清继续搅拌均匀，过滤去除结块的蛋清，再加入熟蜜红豆。
2. 将做法1中的红豆牛奶分装成2碗，分别盖上保鲜膜，移入蒸锅中以小火蒸约10分钟至完全凝固。
3. 食用时再撒上少许熟蜜红豆（分量外）即可。

烹饪小秘方

添加其他变化口味的材料制作炖奶时，蒸的时间会有所不同，通常会比原味再久一点，时间差不多时最好能稍微摇晃一下，确认已经完全熟透。

巧克力香橙冻

材料

牛奶	300毫升
巧克力酱	200克
细砂糖	20克
明胶片	4 片
柳橙皮屑	1/10颗
柳橙果冻	适量
白柑橘酒	10克

柳橙果冻

材料： 柳橙汁100毫升、柠檬汁10毫升、果冻粉8克

做法： 将柳橙汁、柠檬汁和果冻粉煮滚后，倒入模型容器中，放入冰箱冷藏约2小时后，取出切成小丁状。

做法

1. 明胶片泡入冰水中至软化，捞出挤干水分备用。
2. 取1/2的牛奶加热，加入细砂糖和巧克力酱拌匀至完全溶化，再加入明胶片拌匀至完全溶化，接着过筛。
3. 续倒回剩余的1/2牛奶中，加入白柑橘酒和柳橙皮屑拌匀，拌匀的过程中，要一边泡至冰水中降温至10～12℃。
4. 先将做法3的材料倒入容器模型中约1/2的分量，再加入适量的柳橙果冻，再倒入适量的做法3材料，放入冰箱中冷藏约2小时即可。

备注：刻意将柳橙果冻制作得较硬些，除了防止果冻出水，另外也是为了让口感更丰富。

炖奶鲜果球

材料

鸡蛋（取蛋清）2个、细砂糖1.5大匙、鲜牛奶180毫升、椰奶2大匙、什锦新鲜水果丁2大匙

做法

1. 将鲜牛奶和细砂糖放入碗中搅打均匀，再加入蛋清和椰奶继续搅拌均匀，过滤去除结块的蛋清。
2. 将椰奶蛋清液分装成2碗，分别盖上保鲜膜，移入蒸锅中以小火蒸约8分钟至完全凝固。
3. 将2个碗取出待凉，食用时撕除保鲜膜，加入什锦新鲜水果丁即可。

椰汁炖奶

材料

鸡蛋（取蛋清）2个、鲜牛奶100毫升、细砂糖1大匙、椰奶100毫升、椰粉1大匙

做法

1. 将鲜牛奶和细砂糖放入碗中搅打均匀，再加入蛋清和椰奶继续搅拌均匀，过滤去除结块的蛋清，再加入椰粉拌匀。
2. 将做法1分装成2碗，分别盖上保鲜膜，移入蒸锅中以小火蒸约8分钟至完全凝固。
3. 将2个碗取出，食用时撕除保鲜膜，再撒上适量椰粉（分量外）即可。

PART 4

缤纷清凉果冻

色彩缤纷、清凉弹滑的果冻，
真是炎炎夏日最好的消暑甜点，
喜欢的果汁、饮料通通都可以做成果冻，
而且仅变换胶冻原料进行随意搭配，
就可以做出不同的口感！

抹茶冻

材料

水750毫升、果冻粉25克、细砂糖75克、抹茶粉4克

做法

1. 水煮沸，加入果冻粉和细砂糖拌匀煮至溶化后，再加入抹茶粉拌匀，即为抹茶果冻液。
2. 将果冻液分装至杯内（约装8分满），移入冰箱中冷藏至冰凉凝固，食用前于表面撒上少许抹茶粉装饰即可。

烹饪小秘方

建议使用无添加糖分的纯抹茶粉，不但风味浓郁，而且也不会因为带有甜味而干扰原有的调味。

红茶冻

材料

水750毫升、红茶包1克、果冻粉25克、细砂糖75克

做法

1. 将水煮沸，加入红茶包泡煮约5分钟，再过滤出红茶。
2. 将果冻粉和细砂糖加入红茶中拌匀煮至溶化，即为红茶果冻液。
3. 将红茶果冻液分装至杯内（约装8分满），移入冰箱中冷藏至冰凉凝固即可。

番石榴魔芋果冻

材料

椰奶冻材料

椰果	30克
冷开水	200毫升
魔芋果冻粉	15克
细砂糖	50克
椰浆	100毫升

番石榴冻材料

魔芋果冻粉	23克
细砂糖	35克
番石榴汁	450毫升

做法

1. 将椰果切成小丁，放入小茶杯中备用。
2. 将椰奶冻材料的魔芋果冻粉与细砂糖先干拌混合，倒入冷开水中拌匀，再以小火加热至细砂糖与果冻粉完全溶解即可熄火。
3. 将椰浆倒入搅拌均匀，趁热倒入盛有椰果的小茶杯内，待完全冷却后扣出备用。
4. 将番石榴冻材料的魔芋果冻粉与细砂糖先干拌混合，再倒入番石榴汁中拌匀，以小火加热至细砂糖与果冻粉完全溶解即可熄火。
5. 趁热倒入茶杯中，等半凝固时，再将做法3中备好的椰奶冻放入，待完全冷却后移入冰箱冷藏即可。

柠檬水果冻

材料

Ⓐ

柠檬汁	30毫升
水	170毫升
果冻粉	10克
细砂糖	50克

Ⓑ

猕猴桃丁	5克
葡萄丁	5克
樱桃丁	5克
芒果丁	5克
荔枝丁	5克
火龙果丁	5克

做法

1. 将柠檬汁、水、果冻粉、细砂糖放入锅中，煮滚后关火。
2. 稍降温后，先倒少许至容器中，再加入猕猴桃丁、葡萄丁、樱桃丁。
3. 再加入少许的果冻液，再加入芒果丁、荔枝丁和火龙果丁。
4. 最后盖上一层余下的果冻液，冷藏1小时即可。

烹饪小秘方

透明的柠檬水果冻镶嵌着七彩水果丁，最是美丽！因为果冻是半固体，水果丁会浮在表面上，可先倒一层果冻，摆上一些水果丁，待凝结后再倒上另一层，就可以达到这个效果。

双莓冻

材料

草莓果泥	300克
覆盆子果泥	150克
细砂糖	60克
明胶片	4片
柠檬汁	30克
蓝莓酱	适量

做法

1. 明胶片泡入冰水中至软化，捞出挤干水分备用。
2. 将草莓果泥和覆盆子果泥混合拌匀后，取1/3的分量，加入细砂糖后加热至约80℃，且完全溶化后，加入泡软的明胶片拌匀，再加入柠檬汁拌匀。
3. 续倒回剩余的2/3果泥中拌匀，倒入模型容器中，放入冰箱冷藏约2小时，取出加入蓝莓酱即可。

香草菠萝芒果果冻

材料

A

菠萝细条	100克
芒果丁	50克
细砂糖	125克
香草荚	1/4根
水	200毫升

B

白细砂糖	25克
果冻粉	7克

做法

1. 将材料B的细砂糖与果冻粉混合均匀。
2. 将材料A的菠萝细条与细砂糖放入锅中，再加入刮出香草籽的香草荚。（香草荚的价位虽然较高，但比起香草粉或香草精，风味也较佳。）
3. 将锅中的材料以小火炒至糖溶化，再加入水拌匀。（菠萝条和香草荚要用小火炒过，香草荚受热才会更香。）
4. 再加入做法1中的材料煮至大滚，最后再加入芒果丁拌匀，倒入容器。（加入果冻粉后，要边煮边搅拌，胶质才会溶解均匀。）
5. 将容器中的菠萝芒果果冻冷藏1小时后即可。

甜香瓜果冻

材料

香瓜肉100克、水200毫升、细砂糖30克、果冻粉7克

做法

1. 将香瓜肉与水放入果汁机中打匀，倒入锅中。
2. 在锅中加入果冻粉、细砂糖，加热拌匀煮至大滚，倒入容器。
3. 将成品冷藏1小时，食用时放入香瓜肉（材料外）装饰即可。

烹饪小秘方

用果冻粉制作果冻，一定要加热煮过，边煮边搅拌，果冻粉才会溶解，胶质的特性才会出来，果冻才能做得均匀又美味。

红酒苹果冻

材料

水300毫升、细砂糖50克、果冻粉5克、柠檬屑适量、红酒100毫升、苹果1/2个（切丁）

做法

1. 将水、细砂糖、果冻粉和柠檬屑混合煮滚后，加入红酒拌匀。
2. 待降温后，先倒入1/2的分量至模型容器中，放入适量的苹果丁，再倒入果冻液至8分满，放入冰箱中冷藏约2小时即可。

柳橙果冻

材料

Ⓐ

柳橙汁　300毫升
水　200毫升

Ⓑ

果冻粉　18克
细砂糖　50克

Ⓒ

柳橙（取果肉切丁）　1个

做法

1. 柳橙汁加水煮沸，加入材料B中的果冻粉、细砂糖拌匀煮至溶化，即为柳橙果冻液。
2. 将柳橙果冻液分装至杯内（约装6分满），再加入材料C中的柳橙果肉丁（约装9分满），移入冰箱中冷藏至冰凉凝固，以薄荷叶（材料外）装饰即可。

1-1

1-2

2-1

2-2

银耳冰糖红枣冻

材料

红枣	4颗
水	500毫升
熟银耳	30克
冰糖	50克
果冻粉	15克
枸杞子	少许

做法

1. 红枣泡开后剪成细碎状备用。
2. 将水和熟银耳放入果汁机中简易打碎后，再加入冰糖、果冻粉和红枣碎煮滚拌匀，待降温后，倒入模型容器中，放入冰箱冷藏约2小时，取出放上枸杞子装饰即可。

柚子红茶冻

材料

水	500毫升
红茶茶叶	10克
柚子酱	30克
细砂糖	30克
果冻粉	7克
柚子酱	适量
透明柠檬冻	适量

做法

1. 水煮滚后加入柚子酱和红茶茶叶焖1分钟，先过筛再煮滚一次，慢慢倒入混合拌匀的细砂糖和果冻粉，用纸巾将粗泡沫擦拭，过筛后，待降温，即可倒入模型容器中约1/2的分量，放入冰箱冷藏约2小时。
2. 取出后，先放入少许柚子酱，再倒入透明柠檬冻，并放入冰箱中冷藏约2小时即可。

透明柠檬冻

材料： 水100毫升、细砂糖25克、果冻粉5克、柠檬汁10毫升

做法： 将水、细砂糖、果冻粉和柠檬汁混合拌匀后，以小火煮滚，待降温至60℃，即可倒入已凝结的柚子红茶冻中。

柚子茶冻

材料

韩国柚子酱3大匙、洋菜粉4克、水300毫升、细砂糖适量

做法

1. 洋菜粉加少许水调开备用。
2. 将水煮沸加入调好的洋菜水，不断搅拌至溶化，加入细砂糖及韩国柚子酱拌匀。
3. 待柚子茶冻变凉，再倒入杯内放入冰箱冷藏即可。

烹饪小秘方

洋菜粉是植物性胶质，因此口感较脆，而果冻粉、明胶片是以动物性胶质制成，口感较有弹性，做果冻时可以依各人喜欢的口感选择胶冻原料。

芒果冻

材料

Ⓐ 芒果 2个（约300克）、白兰地酒15毫升

Ⓑ 冷开水 170毫升、蜂蜜 30克、果冻粉5克

做法

1. 取一个芒果去皮取果肉后打成泥；另一个芒果去皮取果肉切丁，备用。
2. 将所有材料B混合，以小火煮至果冻粉溶解后熄火，加入芒果泥和白兰地酒搅拌均匀，依序倒入果冻杯内，移至冰箱冷藏至凝结。
3. 取出凝结的芒果冻，摆上适量备好的芒果丁即可。

猕猴桃果冻

材料

猕猴桃果丁	130克
水	200毫升
细砂糖	60克
柠檬汁	5毫升
明胶片	5克
猕猴桃细丁	30克

做法

1. 将明胶片泡在冰水中备用。
2. 将猕猴桃果丁与水放入果汁机中，搅打均匀成猕猴桃果汁，倒出备用。
3. 将1/3的猕猴桃汁加入柠檬汁与细砂糖放入锅中，用小火煮至白细砂糖溶解。
4. 再将泡好的明胶片拧干，与剩余的猕猴桃果汁混合拌匀，倒入猕猴桃柠檬汁中混合拌匀。
5. 再加入猕猴桃细丁拌匀，倒入容器，冷藏3小时即可。

烹饪小秘方

猕猴桃煮后容易氧化变色，所以可取少许猕猴桃果汁加明胶片煮匀，再混入原来的果汁中，才可保持猕猴桃的色泽。

薰衣草果冻

材料

Ⓐ

水	600毫升
干燥薰衣草	30克
果冻粉	15克
细砂糖	90克

Ⓑ

干燥薰衣草	30克
鲜牛奶	500毫升
果冻粉	10克
细砂糖	78克

做法

1. 将材料A中的水煮至沸腾，加入干燥薰衣草，浸泡1分钟后过滤备用。
2. 细砂糖与果冻粉干拌混合，加入薰衣草茶中拌匀，再以小火加热，煮至细砂糖与果冻粉完全溶解即可熄火，倒入模型中约5分满，待冷却备用。
3. 将材料B的鲜牛奶加热至沸腾，随即熄火，加入干燥薰衣草，浸泡1分钟后过滤备用。
4. 细砂糖与果冻粉干拌混合，加入做法3的牛奶中拌匀，再以小火加热，煮至细砂糖与果冻粉完全溶解即可（加热时要不停搅拌，果冻粉才不会结块）。
5. 将做法4的奶冻液趁热倒入已凝固的薰衣草果冻上至模型满，待完全冷却后再扣出，即为双层果冻。

金黄芒果冻

材料

芒果	50克
哈密瓜	50克
水	250毫升
果冻粉	15克

做法

1. 将芒果、哈密瓜洗净去皮切小块，和水一起放入果汁机中，打约1分钟成果汁，倒入锅中，加热至95℃至冒泡即可关火。
2. 将果冻粉分次少量加入锅内熬制的果汁中，边加入边搅拌均匀。
3. 把果汁趁热倒入模具中，凉后覆盖保鲜膜，放入冰箱冷藏。
4. 食用前放入芒果丁和薄荷叶（均材料外）装饰即可。

火龙果果冻

材料

A

火龙果丁	100克
水	200毫升
果冻粉	7克
细砂糖	50克

B

火龙果细丁	30克

做法

1. 将材料A的火龙果丁与水放入果汁机中打匀，倒入锅中。
2. 在锅中加入果冻粉、细砂糖，加热拌匀煮至大滚，再加入火龙果细丁拌匀，倒入容器中。
3. 将容器移入冰箱冷藏1小时。
4. 取出后以火龙果丁（材料外）装饰即可。

烹饪小秘方

自己制作果冻时，除了可选择果冻粉、魔芋粉来决定果冻的口感，果冻液中还可加入水果丁，吃起来不仅更有口感，果冻的质感也更为加分。

西瓜牛奶魔芋冻

材料

Ⓐ

鲜牛奶	150毫升
海藻糖	10克
魔芋粉	3克

Ⓑ

西瓜汁	300毫升
海藻糖	20克
明胶片	7克

Ⓒ

西瓜丁	100克

做法

1. 所有材料A混合，以小火煮至海藻糖和魔芋粉溶解后熄火，依序倒入果冻杯内，移至冰箱冷藏至凝结。
2. 取材料B中的明胶片泡冰块水至膨胀软化，取出挤干水分；将其余材料B和明胶片放入锅中，以小火煮至海藻糖溶解成西瓜果冻液后熄火（温度不可超过65℃以避免维生素C流失），移出，隔着冰水不停搅拌至西瓜果冻液稍微冷却。
3. 将冰箱中的牛奶冻取出，倒入西瓜果冻液，再次移至冰箱冷藏至凝结，食用前摆上西瓜丁装饰即可。

椰子荔枝果冻

材料

椰子水	200毫升
荔枝肉	100克
细砂糖	30克
果冻粉	7克

做法

1. 将荔枝去壳去核，1/3切丝备用。
2. 将荔枝肉丝与椰子水放入果汁机中打匀，倒入锅中。
3. 在锅中加入果冻粉、细砂糖，加热拌匀煮至沸腾，加入剩余的荔枝丝混匀，倒入容器。
4. 将做成的成品冷藏1小时即可。

烹饪小秘方

一般常见的果冻材料有果冻粉、魔芋粉和明胶。用果冻粉做出来的果冻，吃起来有点脆的口感，魔芋粉吃起来有嚼劲儿，明胶韧中带软，不同材料做出不同的口感，可依照自己的喜好来选择。

桑葚冻

材料

桑葚	80克
黄瓜	50克
水	250毫升
果冻粉	15克

做法

1. 将桑葚洗净，黄瓜洗净切小块，和水一起放入果汁机中，打约1分钟成果汁，倒入锅中，加热至95℃至冒泡即可关火。
2. 将果冻粉分次少量加入做法1锅内果汁中，边加入边搅拌。
3. 把搅拌均匀的果汁趁热倒入模具中，凉后覆盖保鲜膜，放入冰箱冷却即可。
4. 食用前以什锦水果和薄荷叶（均材料外）装饰即可。

绿茶猕猴桃冻

材料

水500毫升、绿茶叶10克、细砂糖40克、果冻粉12克、金猕猴桃丁适量、绿猕猴桃丁适量

做法

1. 将水煮滚后，加入绿茶叶焖约1分钟，先过筛后，再次加热煮滚，并慢慢加入混合好的果冻粉和细砂糖拌匀至完全溶化，待降温，倒入模型容器中，放入冰箱冷藏约1小时。
2. 取出后，放上金猕猴桃丁和绿猕猴桃丁，以薄荷叶（材料外）装饰即可。

烹饪小秘方

绿茶的苦涩味较重，在煮的时候不宜过久，只要稍微焖泡出茶色与茶香，大约1分钟左右即可，这样才能品尝到最好的茶味。

冬瓜柠檬茶冻

材料

水（A）400毫升、冬瓜茶砖150克、水（B）100毫升、果冻粉15克、柠檬汁40毫升

做法

1. 将水（B）和果冻粉混合拌匀后备用。
2. 将水（A）和冬瓜茶砖煮滚后，再加入做法1中果冻粉混合汁煮滚后，再加入柠檬汁拌匀，待降温，即可倒入模型容器中，放入冰箱冷藏约2小时即可。

甘梅番石榴冻

材料

水100毫升、番石榴汁400毫升、甘梅粉3克、细砂糖15克、果冻粉12克

做法

1. 番石榴汁、水和甘梅粉放入果汁机中打成汁，再和细砂糖、果冻粉加热拌匀煮至完全溶化且沸腾。
2. 熄火待降温，倒入模型容器中，放入冰箱冷藏约1小时即可。

脆李果冻

材料

脆李50克、魔芋果冻粉15克、细砂糖50克、冷开水300毫升

做法

1. 魔芋果冻粉与细砂糖先干拌混合，倒入冷开水中拌匀，再加入脆李，以小火加热，煮至细砂糖与果冻粉完全溶解即可熄火。
2. 趁温热时，倒入小磁杯中，待冷却后扣出即完成。

可乐西红柿冻

材料

水	250毫升
果冻粉	10克
细砂糖	65克
西红柿汁	100毫升
可乐	100毫升
柠檬汁	20毫升
透明冻	适量
小西红柿	适量
薄荷叶	适量

做法

1. 将果冻粉、细砂糖、水和西红柿汁先煮滚后，加入可乐煮至再次滚沸，再加上柠檬汁拌匀，降温后，倒入1/2的分量至模型容器中，放入冰箱冷藏约2小时。
2. 取出后，先于杯中倒少许透明冻，并放入1颗小西红柿和薄荷叶，再将剩余透明冻倒入约9分满，再放入冷藏1小时即可。

透明冻

材料：冷开水100毫升、细砂糖25克、果冻粉2克

做法：将冷开水、细砂糖和果冻粉混合煮至约90℃，待降温至30℃即可。

什锦水果冻

材料

果冻粉	16克
细砂糖	50克
水	700毫升
橘子果酱	200克
柠檬汁	10毫升
什锦水果	适量

做法

1. 先将果冻粉、细砂糖一起拌匀，再加入水调开后一起煮至沸腾，即离火放置一旁冷却至约60℃，再加入橘子果酱和柠檬汁一起拌均匀，备用。
2. 于果冻杯中放入适量的什锦水果后，再将拌均匀的果冻汁倒入杯中，冷藏约2小时后即完成。

烹饪小秘方

除了天然的水果之外，腌渍的什锦水果罐头也非常适合用来做果冻，不过因为甜度较高，糖分的添加需适量调整。

水晶果冻

材料

细砂糖	100克
果冻粉	15克
水	400毫升
黑樱桃汁	200毫升
杏桃果胶	30克
黑樱桃粒	适量

做法

1. 先将细砂糖与果冻粉一起拌匀后，再加入水和黑樱桃汁一起煮开后离火，放置一旁冷却至约60℃。
2. 加入杏桃果胶拌均匀，倒入果冻模具中，再放入适量的黑樱桃粒点缀。
3. 再将果冻模具放入冰箱的冷藏室里，冷藏约2小时，食用前以什锦水果和鲜奶油（均材料外）装饰，即可脱模食用。

樱桃红酒冻

材料

樱桃	50克
水	100毫升
红酒	5毫升
果冻粉	3克
细砂糖	25克

做法

1. 将樱桃去核与水放入果汁机中打匀，倒入锅中。
2. 在锅中加入果冻粉、细砂糖、红酒，加热拌匀煮至沸腾，倒入容器。
3. 将做好的成品冷藏1小时，用樱桃（材料外）装饰即可。

烹饪小秘方

用新鲜樱桃打成的果汁是淡淡的紫红色，如果想要加深色泽，又不想添加人工色素，可以加些红酒来增添紫红色泽和香气。

白酒水果果冻

材料

Ⓐ

白酒　290毫升
水　310毫升

Ⓑ

果冻粉　22克
细砂糖　155克

Ⓒ

柠檬汁　10毫升

Ⓓ

什锦水果　适量

做法

1. 将白酒加水煮沸，加入材料B中果冻粉、细砂糖拌匀煮至溶化后，再加入材料C中柠檬汁拌匀，即为白酒果冻液。
2. 将白酒果冻液分装至杯内（约装6分满），再加入什锦水果（约装9分满），移入冰箱中冷藏至凝固即可。

鸡尾酒水果冻

材料

Ⓐ

覆盆子果泥 200克
细砂糖 30 克
明胶片 1片

Ⓑ

水 140毫升
细砂糖 20克
明胶片 1片
蓝柑橘酒 20毫升
综合水果丁 适量

Ⓒ

芒果泥 200克
细砂糖 40克
明胶片 2片
白柑橘酒 10毫升

做法

1. 将材料A中的明胶片泡入冰水中至软化，捞出挤干水分备用。
2. 取1/3分量的覆盆子果泥加热，放入细砂糖和做法1的明胶片拌匀至完全溶化，再倒回剩余的2/3分量的覆盆子果泥中拌匀，拌匀的过程中同时泡至冰水中降温至10～12℃，再倒入模型容器中约1/3的分量，放入冰箱冷藏约1小时备用。
3. 将材料B中的明胶片泡入冰水中至软化，捞出挤干水分备用。
4. 将水和细砂糖煮至完全溶化，加入做法3的明胶片完全拌匀至溶化，再倒入蓝柑橘酒拌匀，拌匀的过程中，同时泡至冰水中降温至10～12℃，再倒入做法2已凝结的果冻中，放入少许综合水果丁，放入冰箱冷藏约1小时备用。
5. 将材料C中的明胶片泡入冰水中至软化，捞出挤干水分备用。
6. 取1/3分量的芒果泥加热，放入细砂糖和做法5的明胶片拌匀至完全溶化，倒回剩余的2/3分量的芒果泥中拌匀，再倒入白柑橘酒拌匀，拌匀的过程中同时泡至冰水中降温至10～12℃，再倒入做法4已凝结的果冻中，放入冰箱冷藏约2小时即可。

香瓜冻

材料

香瓜350克、水150毫升、细砂糖30克、果冻粉15克

做法

1. 香瓜、水和细砂糖先放入果汁机中搅碎，过筛后，再加入果冻粉加热拌匀。
2. 待降温，倒入模型容器中，放入冰箱冷藏约2小时即可。

烹饪小秘方

因为是用新鲜水果制作而成，口感和味道较新鲜，所以建议尽快食用完毕。

葡萄柚果冻

材料

葡萄柚汁200毫升、柳橙汁200毫升、细砂糖50克、柠檬汁50毫升、果冻粉10克、柳橙片适量、葡萄柚片适量

做法

1. 将葡萄柚汁、柳橙汁、细砂糖、柠檬汁和果冻粉混合煮滚，待降温，即可倒入模型容器中，放入冰箱冷藏约2小时。
2. 取出后，再放上柳橙片或葡萄柚片装饰即可。

啤酒冻

材料

水	250毫升
细砂糖	30克
果冻粉	10克
啤酒	250毫升

做法

1. 将水、细砂糖和果冻粉拌匀，加热煮滚后，加入啤酒煮至再次滚沸，待降温后，倒入模型容器中约8分满的分量，放入冰箱冷藏约2小时。
2. 取适量的做法1的啤酒冻，放入果汁机中打碎，接着铺放在剩余的啤酒冻上装饰成啤酒泡沫即可。

香橙山药果冻

材料

山药　150克
柳橙汁　1000毫升
果冻粉　25克
细砂糖　130克

烹饪小秘方

果汁中的维生素C加热超过85℃，就会被破坏，并且略带苦味，所以只要加热至80℃即可。

做法

1. 山药洗净削皮，切成小丁，放入滚水中汆烫后，泡冰水备用。
2. 柳橙洗净榨汁，过滤备用。
3. 将果冻粉与细砂糖干拌混合，加入柳橙汁搅拌均匀，用小火加热至80℃，果冻粉完全溶解后，随即熄火。
4. 将果冻液倒入高脚杯中约7分满，等到呈半凝固时，再将山药丁放入，待完全冷却后，放入冰箱冷藏即可。

普洱桂花冻

材料

水	500毫升
桂花酱	60克
细砂糖	30克
果冻粉	15克
普洱茶包	1包

做法

1. 将水、桂花酱、细砂糖和果冻粉拌匀。
2. 放入普洱茶茶包至拌匀的汁液中，从冷水开始加热煮滚。
3. 将煮好的普洱茶过筛，将碎渣和茶包去掉，汁液放至降温，再倒入模型容器中，放入冰箱冷藏约2小时即可。

烹饪小秘方

普洱桂花冻如果没有先过筛，果冻内会有桂花粒，过多的桂花粒吃起来会影响口感，所以也可以先不加入桂花酱，食用前再淋上少许桂花酱即可。

桂圆养生冻

材料

Ⓐ

桂圆干	100克
开水	300毫升
红糖	30克
果冻粉	7克

Ⓑ

银耳	1朵

做法

1. 取桂圆干泡入开水中至香味四溢，捞出桂圆干留下桂圆汁备用。
2. 银耳洗净、泡软后去蒂头，放入果冻杯中备用。
3. 将桂圆汁和红糖、果冻粉混合，以小火煮至果冻粉和红糖溶解后熄火，倒入果冻杯中，移至冰箱冷藏至凝结即可。

烹饪小秘方

桂圆干因为干燥处理过，需泡入开水中还原后，香气及风味才会散发出来；如果未浸泡在开水中而直接做成果冻不但风味较淡，口感也会不好。

牛奶咖啡双色冻

材料

Ⓐ

鲜牛奶	200毫升
咖啡液	100毫升
海藻糖	60克
果冻粉	7克

Ⓑ

鲜牛奶	200毫升
海藻糖	50克
果冻粉	5克

做法

1. 所有材料A混合以小火煮至果冻粉溶解后熄火，倒入耐热容器中，移至冰箱冷藏至凝结成咖啡冻。
2. 所有材料B混合以小火煮至果冻粉溶解后熄火，倒入耐热容器中，移至冰箱冷藏至凝结成鲜牛奶冻。
3. 取出凝结的咖啡冻和鲜牛奶冻切丁，依序摆入玻璃杯内即可。